岁月如风，如风不落

谨以此书致那个绿皮火车的年代，和我一起走入异乡校门的兄弟。

进化：大数据时代的常识与辩证

熊雄◎著

南方日报出版社
NANFANG DAILY PRESS
中国·广州

图书在版编目（CIP）数据

进化 ： 大数据时代的常识与辩证 / 熊雄著. — 广州 ：
南方日报出版社, 2018.11
ISBN 978-7-5491-1911-0

Ⅰ. ①进… Ⅱ. ①熊… Ⅲ. ①数据处理 Ⅳ. ①TP274

中国版本图书馆 CIP 数据核字(2018)第 251778 号

JINHUA DASHUJU SHIDAI DE CHANGSHI YU BIANZHENG

进化：大数据时代的常识与辩证 熊 雄 著

出版发行：南方日报出版社
地　　址：广州市广州大道中 289 号
出 版 人：周山丹
责任编辑：周山丹
　　　　　曹 星
装帧设计：劳华义
责任技编：王 兰
责任校对：王 燕
经　　销：全国新华书店
印　　刷：广州市岭美彩印有限公司
开　　本：880 mm×1230 mm 1/32
印　　张：8.75
字　　数：150 千字
版　　次：2018 年 11 月第 1 版
印　　次：2018 年 11 月第 1 次印刷
定　　价：58.00 元

投稿热线：（020）83000503　读者热线：（020）83000502

序：认知框架

新概念、新知识、新想象不断地冲击着我，争先恐后地蒙蔽我的视线、堵塞我的听觉、占据我的脑海。那些不断被挤兑、被淹没、被驱逐的旧概念、旧知识、旧想象难道就这样被遗忘吗？难道就这样循环下去，然后不远的一天，今天的新概念、新知识、新想象又成为被遗忘的旧物？难道就这样地循环下去，然后到黄昏之下，万物老去，只留下一层貌似崭新，其实浅薄的认知在我的头脑中反复被掂量，然后用一句“这是一个加速发展的时代，一切都是新的”或者“真的智慧不是知道什么，而是知道自己不知道什么”来聊以自慰？显然不应该这样。

如何不因为对旧世界的留恋而被新时代的趋势抛弃，又不至于被今天的潮流裹挟而忘记了昨日的宝贵认知？我需要一个常新的能够容纳新旧的认知框架，旧的认知在这个框架里能找到保存自己的位置，新的认知在这个框架里能被放在适配的前排。这个框架就是一个放置在脑海中的巨大的书架，我接过从互联网倾泻而来的书，把它们分门别类地放好，有时间就慢慢品读消化，没时间想想能用就很开心。如果没有这个书架，堆叠的书会随时倒塌，而且因为压在底下的书无法被取阅，这个书堆越大，只意味着埋藏的废纸越多。

这个认知框架应该是怎样的？它应该是可扩展的，能容纳不断增加的海量认知；应该有一个弹性的目录，能保持有序有条理；它还必须穿透思维混沌和迷雾，达到并架构在常识的地基上，因为只有常识才能弥久不灭，才能运用自如，才能给人平和。总之，有了这样一个框架，我的头脑才能有效地运用知识，才能真正地拥有知识，而不是成为知识的“守财奴”。

能在互联网上找到这个框架吗？当然没找到。“那就自己‘DIY’一个吧”，我有了这样的想法。随之而来的自然是诚惶诚恐，“可能写出的是一堆‘非人’的胡言乱语吧”，本能提醒我。于是赶紧上网找找“人”与“非人”的定义，果然不出所料地找到了，也果然是“人话”和“非人话”相得益彰，各种解释汗牛充栋。没有了字典编辑们的秉烛夜审，这网上的诸子百科大有春秋笔下那南辕北辙的复古之风，尤其喜人的是没有人指出那些“非人话”的“非人”之处，就像没有人知道坐在电脑前打字的是不是“一条狗”。真是一个可爱的自媒体的网络，知识如此博大，自己不“DIY”一套简直是辜负了这个时代。既然这样，那接下来的写作就顺理成章、涩然上马了，不懂的上网查，查不到就装懂，虽然如钝刀破竹，节节卡顿，总算也勉为其难，推案告功。

这本书就这样地从构思到拟就。它尝试用尽可能彻底的数据眼光打量一下世界，进而用难以言状的数据思维编织一套逻辑，努力打造一个认知的框架。常识是经纬的丝线，辩证是编织的方法，至于进化嘛，不过是时间给它平凡的轨迹找一个漂亮的说辞而已。

目　录

第一篇　大数据时代的常识

常识，就是众生眼里的平凡世界和他们对平凡世界的平淡描述。

第一章　大数据：概念的兴起

1. 信息、数据、数字化

信息是什么？每个人有不同的理解。

美国数学家诺伯特•维纳在《控制论——动物和机器中的通讯与控制问题》中认为，信息是“我们在适应外部世界，控制外部世界的过程中同外部世界交换的内容的名称”。意大利学者朗高在《信息论：新的趋势与未决问题》中则认为，信息是“反映事物的形成、关系和差别的东西，它包含于事物的差异之中，而不在事物本身”。

不同的专业学科对信息给出了不同的定义。信息论还给信息赋予了量化的单位比特（bit），使我们得以准确地阐述信息的多少。

但是，这些对信息的概念的解释，总是让人有疏离之感。

其实，对于普通人来说，一个孤立的概念是很难理解的。就好像牵了一匹马来，你不论如何介绍，总是很难让人记住马的特征。但是如果同时旁边站着一头驴，你对比着说，这个脸比较长，那个耳朵比较尖，虽然未必全面，但是却更加有效且印象深刻。所以，与其孤立地对信息下定义，不如找一个参照物来，同时比较而语，反而能够有助于对二者的理解。

我们选择“数据”作为“信息”的参照物，来做这样的比较。

数据是客观世界施加于人的原始印象，包括人通过视觉、听觉、触觉、味觉的感知留下的印象。信息则是人们对客观世界的抽象理解，而人们进行抽象理解的原则，一是对自己有价值，二是能够用语言表述出来。

人作为客观世界的组成部分，在用不同的方式创造数据。依据人的创造方式和对应的感知方式的不同，数据主要被分为五类：文字、图形图像、声音、动画、视频。而数据创造者要表达的含义，就是蕴藏在数据中的信息。数据要放置到一定的背景下进行解读才能提取其中蕴藏的信息，同样的数据在不同的背景下解读可能提取出不同的信息。大量的信息必须用大量的数据来承载，大量的数据却不一定包含大量的信息，比如重复的“0”，包含的信息量就很少。

数字化是什么？就是把数据变成一连串的数字。具体在计算机中，我们把所有的数据都转换为0、1二进制数字串进行存储和处理。转换包括两个步骤：第一个步骤是通过扫描仪、麦克风、键盘等设备把数据录入计算机；第二个步骤是对录入的数据进行二进制编码。数字、关于数字的说明信息就构成了完整的数字化数据。数字化的数据可以用算法进行计算。

2. 大数据

大数据是什么？其实就是数据变多了，变得大量了，乃至海量了。而且数据在变多的过程中发生了并带来了很多变化，导致了一些从量变到质变的结果。

数据是怎么变多的？数据为什么会变多？因为技术的进步刺激了人对技术产品的发明、消费和使用，每台电脑、每部手机、每个传感器都是孜孜不倦的数据生产者，这些数据记录了大自然、人类以及机器的状态和活动。然后，互联网把这些数据从涓涓细流汇成江河，聚成大数据的海洋。

数据现在多到什么程度？25年前我用的台式电脑的硬盘容量是40 M字节（1字节=8比特），现在我用的台式电脑的硬盘容量是1 T字节，也就是1000 G字节，或者说1,000,000 M字节，是25年前的25,000倍。是的，25年增加到25,000倍，每年增加50%，这也差不多就是数据的增加速度。当然，数据的增加不等于价值的等量增加，单位数据的价值其实是大大减少了。数据大量增加，单位数据的价值被稀释摊薄，这是大数据的基本特征。

数据量的进制单位换算

1 K（千）=1024

1 M（百万、兆）=1024 K

1 G（十亿、吉）=1024 M

1 T（万亿、太）=1024 G

1 P（千万亿、拍）=1024 T

1 E（百亿亿、艾）=1024 P

1 Z（十万亿亿、泽）=1024 E

注：为了便于文字表述，本书中对数据量各进制单位之间1024倍的换算关系，都简约为按1000倍计算。

这一切发生的关键是互联网，是有了互联网以后才发生的，也是发生在互联网上的。这不是牵强附会。没有互联网的时候我们就拥有大量的数据，比如气象数据就很大；甚至，没有计算机、没有人类的时候就存在大量的数据，比如一杯水的分子携带的数据就无比的多。但是没有互联网的时候，这些数据无法为大众所用，无法发挥出大价值，无法标记一个以数据冠名的人类时代。而互联网根本地改变了这点。即时上线、时刻在网上、可以通过互联网实现汇聚处理分析，这是大数据时代的大数据的基本特征。

不过，这些基本特征，都是事后诸葛亮式的总结而已。未来的大数据是怎么样的，有怎样的特征，只能说将会千变万化，甚至千奇百怪。就好像人类生存的这片大地，它的基本特征就是到处都是人，但是不排除无人区的存在，而且高度文明的人类还会自觉地让出大片的无人地带给大自然的生物。所以，那些没有在互联网上的，没有所谓4v、5v乃至Nv特征的数据，其实也可以以大数据的光环悄悄自勉。

正如之前所言，没有比较的定义，难以使人印象深刻，我们不如对“大数据”和“小数据”尝试做个比较来加深印象。

数据是客观事物施加于人的原始印象。这原始印象经过漫长旅程，通过网络传递到人的面前的时候，如果人觉得不能描述客观事物的原始形象，那就不够大，是“小数据”；如果让人觉得足以描述客观事物的原始形象，那就够大，是“大数据”。

统计数据不是大数据，因为不能描述客观事物的原始形象。一个人的数码照片，如果像素足够多、颗粒度足够精细，能让看照片的人清晰地识别，那就是大数据。当然，人们对大数据的追求是不断发展的，昨天认为数据足够，因为只想通过照片认人，明天可能觉得远远不够，因为想通过照片数皱纹。

大数据也不需要无限大，只要大到人的感知的极限就没有必要再大了。比如，人眼睛采集的像素总共是6亿左右，所以一张数码照片达到6亿像素就能够完全还原人在实物现场看到的一切，像素就没有必要再多了。至于人们如果想从照片中看到一些不应该看到的东西，或者照片不是给人看的，那就另当别论。

好吧，回来讨论对大数据的定义命题。这是一个玄幻的命题，其中一切玄机都因为一个“大”字而起。就好像对“大人”的定义：最朴质地说，大人就是长大了的人；后来为了丰富内涵，人们增加了长高了、聪明了、能干了等多种意思；后来又抽象到一个高度，就是成为对有地位的人的尊崇的称呼。“大人”如此，“大数据”亦然。因此，只能这样权且下个定义：

如果“大人”指的是这样的人：一是处于成年的年龄，比如超过18岁，二是有与年龄匹配的身体，三是有与年龄匹配的智力；那么“大数据”就是指这样的数据：一是数量很大，比如超过1 G字节，二是存在于适应大量数据传输的高速互联网上，三是配套有适应大量数据处理的超级计算能力。

“小康”的照片

（张三和李四是20世纪50年代的中学同学，他们正在用网络聊天。）

张三：我记得30年前的那次全班同学聚会人是最齐的，只有小康没有来。

李四：是吗？

张三：是的，我这还留着那时候的集体照，上面就没有小康。

李四：哦，我的找不着了，你把照片扫描一下，传给我看看。

张三：那等会……我现在传给你。我用了最高的扫描精度，数据量很大，不过这样看起来才清楚。

李四：我看到照片了，很清楚……是没有小康，不过上面也没有小强呀。

张三：哦，是喔，但我记得当时说只缺一人的呀。

李四：对了，我想起来了，小康来了，当时就是他拿自己的相机给大家照的这张相；后来别人照了一张有他的，但是洗坏了。

在这个小故事中：

数据：“小康”二字是文字数据。

数字化：“小康”二字在计算机中采用的是二进制数字串（汉字机内码）表示，具体是：“1101 0000 1010 0001 1011 1111 1011 0101”。

信息：联系上下文，我们知道“小康”在这里表示的信息是一个人的名字。而如果没有上下文，我们很可能把其理解成“小康”生活。

大数据的作用：两人开始用文字聊天的时候，

张三向李四传递的信息是小康没有参加30年前的那次聚会。但是通过获得原始的大数据（照片），李四发现了新的信息，就是小强也没有来。最后，通过回忆才想起来，小康其实是来了的，可见盲目依赖大数据（照片）也是会犯错的。

3. 大数据矿山

大数据被比喻成“石油”“金矿”或者“钻石矿”，这些比喻都是非常形象的。而互联网，就是蕴藏大数据的油田、矿山。

石油是怎么开采的？就是从油井中泵出来，然后分门别类地提炼出汽油、煤油、柴油等等。数据也是这样，同样的数据集合可以分析出多种不同用途的数据产品。金矿是怎么开采的？就是采掘出金矿石或者砂金，然后进行冶炼提纯出黄金。数据也是这样，对收集来的数据要进行校核勘误，然后再挖掘其中的高价值信息。钻石矿是怎么开采的？就是先挖出金刚石，然后进行琢磨，才能变成光彩绚丽的钻石。数据也是这样，再好的数据也要经过加工和可视化，比如变成一个漂亮的曲线图，才能达到震撼的效果。

同样是采矿，可以是粗放型的，也可以是精细型的；同样的数据，在不同的观念指引和不同的技术条件下，能产出的价值也是大不相同的。比如白云鄂博，既是大型铁矿，更伴生着巨型稀土矿，在早年技术不具备的情况下，只利用铁矿来炼钢，丢弃了稀土成分，所以曾有“挖了一个矿、丢了一个矿”的惋惜的说法。为了避免这种情况，大数据要求尽可能完整地存储原始数据，因为我们不知道这些数据未来有什么作用，所以先存下来再说。但是再完整，也是有限度的。如果精细度无限增加，比如对每个分子的状态都用1位二进制数据（1比特）来标识，那仅仅标识5毫升水的分子所产生的数据量就超过20 Z字节，也就是20,000 E字节、20,000,000 P字节、20,000,000,000 T字节，已经达到全球互联网目前拥有的数据总量。所以，虽然说要尽可能完整地存储原始数据，但是具体原始到什么程度，是一个要综合技术和成本的互动曲线以及权衡数据未来可能价值的复杂的抉择。

大数据和石油、金矿、钻石矿也有个根本的不同，它是人类在自然之外再创造出来的矿山，是富集于城市的矿山，是越挖越多的矿山。它不会因为使用而消耗，反而会越用越多，而且有很明显的虹吸效应、马太效应，善于使用的人可以在使用中不断汇聚其他来源的数据，从而实现数据的滚动增加。

大数据还像一个核反应堆。当数据的量增加到临界值，它会发生裂变、聚变，会突然爆炸式地实现价值跃迁。这种跃迁往往出现在这几个时间节点：一是数据终于完整了，比如人类基因组数据；二是不同数据结合，发现了灵感式的全新的利用方式，好比“尿布加啤酒”的故事；三是孵化出新的颠覆性技术，最典型的是人工智能。

4. 大时代

大数据时代有哪些生产力的进步？主要有数据传输能力、数据计算能力以及软件算法。

数据传输能力进步了多少？25年前，网民普遍使用的是28.8K比特/秒速度的调制解调器，通过电话拨号上网。今天普遍使用的是100M比特/秒的光纤线路上网，不用拨号、24小时在线，快了3000多倍。

数据计算能力进步了多少？2002年深腾1800是中国首个运算速度达到每秒1万亿次的超级计算机，2016年神威•太湖之光超级计算机的运算速度达到每秒9.3亿亿次，14年增长了93,000倍，平均每年增长126%。

软件算法进步了多少？信用卡公司VISA使用

Hadoop结构，把分析5亿用户账号之间关联所需的计算时间，从一个月缩减到仅仅13分钟，快了3000倍。

而且，这数据传输能力、数据计算能力、软件算法的进步，归根结底都是知识的进步，所以它不受自然资源枯竭的限制，仍然有无穷的进步空间。

这千万倍的速度的增加导致了什么？导致的就是信息化的跨代际的进步。农业社会和工业社会之间的跨代际的差距也不过如此。农业社会什么时候进入了工业时代，我们可以用（钢）铁产量来对比衡量。北宋时期全国人均每年铁产量不到1两，现在中国人均每年（钢）铁产量超过1吨，这是20,000倍的差距。农业时代人们外出1000公里，要走一个月，工业时代人们外出1000公里，也就一个多小时的飞机航程，这是700倍的差距。

是的，我们可以说，经过几十年的进步，信息化正在进入一个截然不同的新的大数据时代。

正如工业社会未必比农业社会太平，大数据时代也绝对不是大同社会。从个体来说，我们有一万种理由留在熟悉的过去，我们还可以用义愤填膺、垂首顿足的，牢骚满腹、犹豫踌躇的，装疯卖傻、乐不思蜀的，忸怩作态、半就半推的，一万种表情的表演，来抗拒陌生的未来。但是只要站得稍微高一点，稍微以历史的眼光，稍微唤醒点兴衰存亡的危机意识，我们就能做出一个判断，不跟上大数据时代的步伐，只有被淘汰的一种命运。

5. 时间加速度

一个时代应该有多久？是3000年？300年？或者30年？其实无论是3000年、300年还是30年，对于宇宙来说都是一瞬间而已。然而，对于人类来说，这差别很大很重要。如果我们适应了的这个时代是3000年以后结束，大家大可以悠闲度日；如果这个时代是300年以后结束，有识之士就要大大抒发忧患之心了；如果这个时代是30年以后结束，所有的人都要枕戈达旦，应对划时代的挑战了。是的，宇宙宏大，视人如微尘，但是对于“我”来说，测量时间的尺度就是人的生命。“永远”很长，因为有一生一世这么长；“朝夕”很短，因为只有一生的1/60,000这么短。正是用人的生命这个尺度来衡量时间，我们才感受到大数据时代的咄咄逼人之势。

一个宏大的事业能否激动人心，关键也是用人的生命去度量，它需要花多少时间能实现。如果要3000

年才能实现，基本上没有人会去想它；如果用300年可以实现，有少数人会去尝试，因为他的五服之内的后代可能会看得见；如果30年能实现，那多数人就会努力，因为他自己就能收获果实。所以，人们可以用“十年生聚、十年练兵、十年苦战”来激励自己，却只能用“百年沧桑”“千年世变”来感叹流年。

而现在这大数据时代的节奏，真的可以用“年年岁岁花迥异，岁岁年年人不同”来形容。

我们能接受事物发展有一个从量变到质变的过程。发展的大部分时间处在缓慢的量变阶段，少部分时间处在急剧的质变阶段。在量变的时候我们看到牧歌田园、炊烟袅袅，那是平静之下的新陈代谢，万物在演变；质变的时候我们看到其兴也勃勃、其亡也勃勃，如同大海中巨大的漩涡，没有人能逃脱。我们知道变化会加速、历史有拐点，大约有这样三种情形：

一是积微成著。小的累积，只要时间足够长，也能改变大的格局。比如“千里长堤，溃于蚁穴”。

二是形态的转变。知识转化为力量，大凡会经过科学、技术、产品、平台四个阶段。四个阶段都很关键，但是第四个阶段威力特别强，强在你没有选择、身不由己、必须接受。现在互联网就是到了这第四个阶段。

三是指数增长与非线性效应。举个例子：某甲有个鱼塘，有一天他看到鱼塘里出现了浮萍，就想着第二天去清理一下，免得鱼缺氧，结果第二天一早浮萍已经覆盖了池塘，鱼都缺氧死了。于是某甲感叹：这浮萍也太神奇了，越长越快，一天就长满了。其实浮萍并没有越长越快，它从一点点开始就是每天长10倍，但是之前一直没有被人看到，等长到覆盖鱼塘10%的时候才被注意到，第二天就长满了。这就是指数增长。而更致命的是非线性效应。浮萍覆盖鱼塘10%的面积，鱼不会有什么不适，也许覆盖到50%，鱼也不会有大问题，但是覆盖到80%或者更大些的面积，鱼就会迅速缺氧而死亡了，这是急剧的质变！

而这些情形，在大数据时代都在彻底加速。

一是传播速度快了。互联网使技术扩散的速度大大加快。传统社会里一个新技术出现后，很多年才能扩散开来。公元105年，中国东汉的蔡伦发明了造纸术，六百年后才传到中亚，传到欧洲则花了一千年时间。1886年德国人卡尔•费里特立奇•本茨发明了汽车，之后过了一代人的时间，汽车数量才达到百万级。现在，微信仅仅用了6年时间发展到8亿用户，移动互联网仅仅用了10年时间在全球达到30亿用户。

二是组合进化快了。客观世界的组合流动耗费如此之大的能量，使得进化成本高昂而缓慢；而数字世界的组合流动耗费很小，使得更快的进化成为可能。

三是有意识参与推动变化的人增加了。以前要千百年的时间累积才有收获，绝大多数人没有耐心，不会全力投入改变之中。但是现在，只要十几年，甚至几年就能见分晓，于是千千万万人趋之若鹜地投入创造之中。

时间加速度了，质变不断袭来！互联网没有任何神秘的，就是快。因为够快，所以产生了新的一切，所以消亡了旧的一切。大数据加快了优胜劣汰的步伐，现在落后5年，比过去落后500年可能还危险。每天增长1%，你可以不争分夺秒，还可以过几天悠哉悠哉、明日复明日的日子；但是如果每天增长1倍，你落后一天就成为刀俎上的鱼肉了。

时间尺度被大大压缩，我们基于传统时间尺度的本体感觉，以及因此而存在的主观世界和认知体系正在崩溃。人常规奔跑的速度是5米/秒；如果提高100倍到500米/秒，你就能追上太阳成为夸父了；再提高30倍到15公里/秒，你就能轻松摆脱地球引力飞上月亮成为嫦娥了；再提高20,000倍到30万公里/秒的光速，你就能追上时间流逝的速度而长生不老了。速度从5米/秒到30万公里/秒，需要提高6000万倍，貌似惊人，其实在想象中完全是可以达到的。150年前的电报通信每秒钟只能传送1个字符，现在的光纤通信已经达到T级，每秒钟能传送1000亿个字符，提高了1000亿倍。当然，你可以说这里偷换了概念，人奔跑的速度和信息传送的速度完全不是一码事，不能放在一起比较。但是，谁能确定人奔跑的时候到底是世界在动还是人心在动呢，或者根本就只是人接受的信息在刷新呢？

人们曾经以为地球是平的，因此有了马路笔直、水面如镜等等舒心舒肺的美好感觉。后来虽然科学家指出地球是椭圆的，基本就是一个球，不过在信步漫走、信马游缰的日常生活的体验中人们是可以漠视这个事实而继续保持舒畅的心情的。但是当人们一迈步速度就快到几公里/秒的时候，恐怕没爽几分钟，就会觉得不妙了。原来以为马路是笔直向前的，但是走起来怎么觉得是向下的；原来以为大地无边无际，现在怎么觉得只有个足球场大小。如果更不巧，狂奔一夜，然后发现自己绕了地球一周，居然回到了原地，这位仁兄恐怕当场就以为自己不是人，而是囚了。

古代的西班牙有这样一条河流，传说渡过这条河流的人会忘记过去的一切。有一天，一队古罗马士兵来到这里，犹豫良久，终于还是勇敢地跃入河中。士兵们一边向对岸奋力游去，一边大声呼喊着最亲密战友的名字，害怕会忘记他们。其实，人的一生都是在这样一条不断遗忘过去的河流中度过，不过我们处之泰然。甚至，我们会认为用一甲子60年的时间去遗忘是一件自然得不能再自然、应该得不能再应该的事情。但是，当这遗忘在60分钟之内就要发生，如那河流彼岸陌生的土地一样不断逼近到眼前的时候，连古罗马那些身经百战的士兵都恐慌害怕了。从60年到60分钟，这525,600倍的时间加速度，把遗忘从抚平伤痕的良药变成了吞噬记忆的魔鬼。

第二章　无法估量的数据价值

6. 价值场景：科学研究

收集数据、相互对比、分析研究，从而获得认知，这是人的天性。今天走在路上，忽然觉得周围有什么变化，于是回忆昨天看到的景象，进行比较，发现是路边的花儿开放了；再感觉一下冷暖，发觉气温也上升了；然后把气温上升和花儿开放联系起来，给这种联系定义一个因果，最后得出“气温上升导致花儿开放”的认知，这就是人发自天性的分析研究过程。左手一把尺子测量数据，右手一个计算器计算数据，面前一个本子记录数据，这是科学研究者的典型形象。

现在有了大数据，数据密集型科学将继实验科学、理论科学、计算机科学之后，成为人类科学研究的第四个范式。

下面是几个在互联网上被广泛引用的案例：

①自然领域的科学研究：美国国家海洋和大气管理局（NOAA）通过全球庞大的海洋传感器网络获取海洋信息，汇聚了超过20 P字节的数据。通过对实时数据进行计算机模拟，2011年3月11日日本大地震发生后仅9分钟，NOAA就发布了详细的海啸预警。

②经济领域的科学研究：IBM日本公司的经济指标预测系统，从互联网新闻中搜索与“新订单”“生产”“雇员”等相关的单词，然后对影响美国供应管

理协会（ISM）制造业采购经理人指数（PMI）变化的480项经济数据进行综合分析，仅用6小时便可计算出分析师需要数日才能算出的PMI预测值，预测精度几乎一样。

③工程领域的科学研究：大数据用在生产流水线的质量控制中，长期积累数据可以看出哪些工位、哪些器件、哪些机器是故障多发点，就可以做针对性的改变。在空调、冰箱等家居电器里，一些厂家已经开始嵌入数据收集系统，对电器的运行状态进行监控，提前安排更换不正常的部件，避免了电器停用给居民带来的不便。而且这样搜集数据的结果，也很容易发现产品质量中的薄弱环节，加以针对性的改变。

这类案例实在太多，真真假假，但是反映的趋势是确凿无疑的。好比有一天海边漂来了一座冰山，人们奔走相告，说冰山很大，看起来有100米高，其实这冰山超出水面被人所看见的部分只有20米高，但是其被埋没在水下不为人看见的部分还有80米高。在关于大数据的故事中，被埋没的亮点往往比故事传播者添油加醋的亮点还多。

7. 价值场景：调度

几十年以前有一个热词叫调度。那个时候的影视中频频有这样的场景：嘈杂的调度室里，汗流浃背的调度员拿起电话机猛摇一通，然后对着话筒大喊“喂，给我接九号作业面”。不知道为什么，现在很少用“调度”这个词了。可能是这个词容易使人联想到老旧的黑瓦红砖灰色水泥的工厂，人们为了替换那些陈旧的回忆，于是改为使用“指挥中心”“监控室”之类的提法。但是，从语义角度来说，调度这个词更加准确、专业地表达了常态性的调节、安排的含义，并且包含了指挥、监控的作用在里面。

有了大数据，意味着调度人员既能够掌握面上的整体数据，又能够根据需要查看某条线、某个点的具体数据，从而可以更加有效、精确地实现调度。进一步，在高清晰度的视频会议系统和微信等群发消息系统的支持下，调度人员可以实现非常扁平化的调度，从1个人调度10个人、10个人调度100个人，扁平化为1个人直接调度100个人。

对冲就是一种基于数据分析的调度。甲需要把自己的1吨钢从a城市运到b城市，同时乙需要把自己的1吨钢从b城市运到a城市。甲乙两人的数据一通，一商量，一撮合，甲只需把自己在a城市的钢就地交给乙，乙只需把自己在b城市的钢就地交给甲就行了，大家都不用在城市间运输了。

组合是另一种基于数据分析的调度。二次世界大战的大西洋战役中，数学家、物理学家们组成的团队对数据进行收集、整理、分析，证明了由15至24艘船组成的运输舰队中，每艘船有2.3%的概率被德军潜艇击沉，而在舰队船只数量高于45时，被击沉的概率只有1.1%。数据最终说服盟军将领决定把舰队编队方式由小型编队改成大型编队。

资源投放也是一种基于数据分析的调度。奥巴马争取连任时的竞选团队用了18个月的时间创建了一个集中的海量数据系统，将从民调专家、筹款人、选战一线员工、消费者数据库、社交媒体联系人、手机联系人等处得到的所有数据都聚合到一块。这个组合起来的巨大数据不仅让竞选团队能够发现摇摆选民，还能帮助推断这些摇摆选民有可能被哪些特定的事情所打动或说服。每天晚上，竞选团队用计算机模拟选举，推算奥巴马在每个“摇摆州”的胜算，第二天即通过模拟结果，分析赢得这些州的机会在哪，指导竞选资源的分配。数据驱动的决策调度对奥巴马竞选连任起到巨大的作用。

大数据还孕育出很多全新的调度思路。比如：

①大规模自动调度。在智能算法的支持下，供需信息的撮合计算的成本大大降低，甚至接近零成本。这使得共享经济成为可能。以拼车为例：找一个同路的人拼车，假设能节省20元，但是要花多少成本才能找到同路的人呢？站在路边喊，显然不可能；通过呼叫中心电话接线员的人工撮合，成本估计几十元少不了。现在采用计算机自动化的数据撮合，成本不超过1元，这使得拼车得以可行。

②仿真和试错。有了大数据，可以构建仿真数据模型，运用计算机模拟的方式进行试验。这对改善社会治理特别有意义。社会治理试验的成本是非常高的，而且不能允许试错，也不能进行多种方案的测试比较，而这些通过计算机模拟都可以做到。

③问题转换。很多管理上的问题，用管理办法已经是黔驴技穷，无法解决，但是采用创新技术是有解的。比如一根木头很重，需要10个人同时用力才能抬起来，但是实际中由于总有人偷懒甚至竞相偷懒，往往需要15个人甚至20个人去抬。这个弊端用管理的办法很难解决。但是用大数据的办法，给每个人的鞋底

下装一个传感器，其实就是电子秤，他用了多大的力气能够被监测到，就可以知道其有没有偷懒了。通过大数据，我们把无法裁判的宏观问题转换成了可精确掌握的微观问题。

8. 价值场景：竞争

树长高了，肯定会遮住矮树的阳光。大数据时代，善用数据者必然比不善用数据者具备极大的领先优势。这个优势是代差性的，落伍者将被形势无情地淘汰。大数据时代到来前的数据应用，就好像15世纪前的火药的使用，使用者有一定优势，但是不是决定性的；而大数据时代到来后的数据应用，就好像19世纪的火药的使用，使用者对不使用者的优势是决定性的。为什么？因为到了19世纪，火药的使用已经不是简单地使用火药，而是火药与围绕火药的技术、工程、组织等一连串事物的集成，从而对落后者造成了凌驾型的令人绝望的势差。大数据时代，大数据和与之匹配的计算机、网络、制造等等一连串事物的集成，将会彻底地重新塑造价值链，改变利益分配，改变上下游的位置，最终决定胜败兴亡。例如：

①改变利益分配：麦肯锡全球研究所（MGI）研

究指出，在激烈竞争的全球化市场，零售业可以利用大数据提高60%的运营利润；服务业如果抓住大数据机会，利用个人行为信息刺激消费，可以带来6000亿美元的营业额；而全球个人位置服务大数据的最终价值将达到7000亿美元。事实上，随着金融和物流服务日益公共化、标准化，现在的跨国公司已经越来越多地依靠对数据的控制，实现对全球供应链的控制。大数据时代信息不对称发展到新的高度，强者剥削弱者，因为前者比后者更了解后者。

②改变上下游位置：30年前曾经有这样的情况，一个省所有的电视台加起来没有一份广播电视报赚钱多。当时家家户户都订有一份广播电视报，只为了看上面的电视节目表，尤其是电视连续剧的播出时间。也就是说，在当时的价值链条中，节目表在上游，节目在下游。后来呢，报纸不赚钱了，但是舆情值钱。卖一份报纸可能亏1块钱，但是操纵影响1个读者的行为，比如引导其去买某只股票，能给操纵者创造巨大的商业价值。30年后的今天，互联网上也出现了类似的现象，搜索引擎比信息内容服务更赚钱。不过，这并不是一个新规律，从古到今，商家比厂家赚钱的事例，比比皆是。只不过到今天，这个规律适用的领域

越来越广罢了。

人的感觉是无形的，人的感觉也将是无价的。5元钱的东西巧加包装可以卖成50元，因为包装后给人的感觉好。正因为此，人们不愿意为了必需品付很多钱，因为买必需品时人们的感觉是“不得不买”；但是人们愿意为娱乐付很多钱，因为娱乐的时候人们的感觉是“我选择，我快乐”。未来绝大多数物质产品将如此丰富，价格普遍低廉，而消费者的金钱将耗费在找到合适自己的产品、找到让自己快乐的产品上。可能将来会有那么一天，必需品将是免费的，如同以前的空气和水一样。或许这就是大自然的本意？人类对物质产品的生产从来就是对大自然创造的物质的简单加工而已，人的贡献与大自然的创造比较起来本来就应该忽略不计。君不见，人到现在还造不出一种稳定的新元素来吗？

这变化，是价值的变化，也是形势的变化、大环境的变化，将直接撼动以技术论英雄的信息化世界的格局。该祝贺那些鱼儿了，当草原变成大海，狮子也将变成鱼食。很多技术和产品如此先进，曾经如同草原上的狮子一样称霸市场，我们永远无法赶上。但是当这技术和产品存在的环境彻底变化，人的需求彻底变化，这技术还是这么先进，却无足轻重、无用武之地了。

大数据引领的革新，将带来技术和市场的转换更替，为我们提供跨越式进步的机会。主要的机会因素有：

其一，技术先进和落后的辩证转换。先进的技术未必能一直引领技术进步，在革新的技术体系中，落后的技术可能因为其价廉等优点重新显示出实用性。比如，在普遍认为高运算速度、高可靠性的小型机等高档服务器才是先进服务器的时候，Google公司却采用先进的软件架构在廉价PC服务器集群上开发出强大的搜索引擎。现在，对于互联网公司来说，先进服务器系统的概念已经转换为“用大量廉价PC服务器构造的可靠系统”。

其二，价值转换带来技术转让价格的变化。从信息产业发展历程看，任何一种自诩和用户零接触的产品，其实仍然和用户之间存在距离，会迅速被新出现的更加贴近用户的产品所楔入。这种规律导致市场价值不断从有形向无形转移，从功能向体验转移，从硬件向软件转移，从软件向内容转移。硬件和软件方面的技术相对在贬值，我们有可能以较低的代价获得这些技术和知识产权。

其二，市场翻转了。Windows对PC操作系统的统治到目前仍然是牢固的。但是，各种终端正在楔入PC的市场。智能手机、智能手表、iPad、游戏机、电视机，等等，只要是带屏幕的，都在变成云计算的显示终端，都在极大地替代人们对PC的需要。过去我们在办公室用办公电脑偷偷玩游戏，今后我们也可能在家里用游戏机偷偷摸摸办公。PC数量已经出现下降的趋势，是否能在PC领域更替Windows的统治已经不是那么重要的命题了。

所以，我们应该学会与遗憾共同前行，更重要的是在技术和市场的转换更替中创造和抓住新的机遇。只要在大数据时代我们能做得够好，我们现在的一些遗憾就将成为历史。就如同那失传的希腊火配方一样，我们可能永远不会拥有这些重要一时的技术，但是时过境迁，除非搞历史研究，我们已经不需要再拥有这些技术了。

9. 想象中的价值

有些价值，有些重要性，无法通过实证来衡量，但可以通过“如果有，那么……”“如果没有，那么……”的假设来想象。在现实中，造几万个车轮的产值显然不能和修筑几万公里的道路相比，但是可惜的是，15世纪的印加人修筑了几万公里的道路网，其中纵贯全国的主干道长达3200公里，却始终不知道造车轮，使得这些道路远远没有发挥其对国家融合发展的作用，最后却方便了西班牙殖民者的长驱直入。有了那么好的道路，如果再有车轮，印加帝国还会表面看上去非常牢固，实际上是一盘散沙吗？经过这番想象，我们可以得出结论，对于印加人来说，那失之交臂的车轮的价值不输于道路的价值。

有了数据能干什么，没有数据会失去什么？让我们想象一下。阿里巴巴靠什么得到四十大盗的宝藏，是“芝麻开门”这个密码；包括各类宝典、真经、秘籍的武林绝学，似乎也都是拿到原著难比登天，但是一旦拿到原著了，赶紧起早贪黑练到出人头地还真不太难；哥伦布横跨大西洋发现美洲大陆的创举之所以伟大，是因为他和同时代的人都没有航海图；那封1241年冬天从蒙古帝国的首都和林发出的召回拔都的诏书，如果晚一年送达，蒙古的西征军会不会横扫西欧……密码、武林绝学、航海图、诏书，这些都是数据啊！没有发现石油的时候，人们不知道石油重要，待到发现了石油，才知道石油的重要。人们没有意识到数据的重要的时候，数据并不重要，当人们意识到数据的重要，开始用数据的眼光看这个世界的时候，数据的魔盒就被打开了。而且，与石油不同的是，我们还可以用天然气、用太阳能来替代石油，而对于数据，我们穷尽想象力也无法找到替代品。

是啊，数据是如此重要，重要到对大部分人来说，具体在什么地方重要已经不重要了，只要知道其重要就好。又好比石油，人人都知道其重要，但是大部分人不需要知道石油作为一种物质是如何重要，也不需要知道石油是如何开采、加工变成有用的具体产品的，只需要知道其无处不在、很值钱、有故事、联系着一个复杂的经济体系就好了。是的，这种全世界众口一词与大部分人不明所以的混沌的重要性，就是我们称之为“资源”的事物的通常特性，也是资源不同于商品、不同于工具的典型特征。人类历史上，从贝壳、烟草到黄金、白银，都曾经享有过这样的光环，今天这个光环要落到大数据身上了。大数据当然是当之无愧的，因为它混沌不堪到这种地步，连到底是集合还是个体、是机器还是原料、是输入还是输出都难以说清，就已经通过人们的想象在现实世界中掀起滔天巨浪了。

数据是资源，能够带来如此丰富的想象，显然围绕其可见的和不可见的价值，将产生丰富多样的交易方式。那些已经充分发达的琳琅满目的金融技巧毫无疑问将在大数据时代大展身手，围绕数据的各种衍生交易和虚拟经济将如雨后春笋般出现，成为网络社会的滥觞和浮世绘。数据如此重要，值得用多少代价去获得和占有？这种着魔的念头，终将把数据变成使人们癫狂的一种元素、一剂魔药。

10. 数据成为货币

货币，已经是现代社会令人癫狂的元素和魔药了。难道数据会成为继货币之后的第二元素和魔药吗？不会。因为未来货币就是数据。

货币是社会的总线，是财富的度量单位。金本位的年代，货币就是黄金，现代取消了金本位，货币就是中央银行担保的价值。钱作为一个数字，代表相应数量的货币，从钱来，到钱去，绝大多数有形和无形我们都用钱来衡量。社会就像一个大三角洲，耳闻潺潺流水，睁眼一看流动的全是钱；目睹大河滔滔，定睛一看奔腾的都是钱；远观碧海汹涌，凑近一看翻滚的还是钱。价值之间的交换，体现在钱这个数字之间用加、减、乘、除进行线性运算。这似乎是一个很简洁、很清晰、很公平的体系。不过，事实证明，这个体系太简单了，不是社会的本来面目。

每个人小时候都看过一个关于数学的童话，它由可爱的0、1、2、3、4、5、6、7、8、9和风趣的＋、－、×、÷运算符号组成；也都做过一个关于数学的噩梦，它是由可恶的圆周率π、自然对数底e、虚数单位i和凶狠的对数、微分、积分运算符号组成，再加上一个罪恶的渊薮f（x）。长大后，我们发现，童话都是骗人的，噩梦中的数学才是数学的本来面目。

社会也是这样的一个复杂的“噩梦”。100元钱是不是等于2倍的50元钱？是这样。100元钱能不能买到2倍于50元钱买到的货物？一般能。100亿元钱是不是等于2个50亿元钱？是这样。但是100亿元钱能不能买到2倍于50亿元钱买到的货物？经常不能，因为货物价格将暴涨，100亿元现在能买到的货物可能比过去50亿元能买到的还少！

总之，单一的线性计算的货币形式，只适用于小型的简单的社会，而不适用于大型的复杂的社会。现代如此大型复杂的社会将在大数据的支持下发展出更复杂的货币形式。这个发展过程是漫长的，将会在两个维度展开。

一个维度是：多种数据化货币并存，货币单位数据化。

货币的基本单位，比如“元”的含义是很简单的，几乎没有任何复杂的不好理解的内涵。全社会通行的一般只有这种简单定义的货币。但是，我们早就知道只有这种简单货币是无法支持复杂的社会活动的，既不公平，也不能屏蔽风险的扩散。比如，我们发现必需品与奢侈品本来就不应该用同一种货币衡量价值，我们也发现物质产品与数据产品的价值根本不适用同一套计算公式，我们更发现以成本计算的商品价格与消费者获得的感受本来就不是一个坐标系里的事情，否则就不会出现那么多花10块钱找省1块钱的感觉的买卖了。于是，形形色色带有一定货币属性的准货币应运而生，比如票据、权证，又比如积分、游戏币、筹码，等等。这些准货币之所以还不是货币，是因为它们都不具备在全社会流通的能力和公信力，只在特定领域通行。

但是，现在情况不同了。互联网的全社会渗透，使得任何一种准货币，只要上了互联网，就具有了全社会流通的能力；区块链等技术的发明，使得任何一种准货币，都有可能建立普遍的甚至不亚于中央银行背书的公信力。因此，本来就存在需求，一旦监管能力能配套跟上，这些形形色色的准货币将不断接近全社会流通的标准，成为真正意义上的货币。未来，单一的由中央银行担保价值的货币体系将消失，取而代之的是在中央银行的监管下，只要有公用信用和相应的数据平台就可以发行（数据化）货币的多种货币并存的体系。

货币种类多了，货币单位也将不仅是“元”那样的简单定义了，更多的将类似股票的“股”这个单位。要说清楚一“股”的真实价值，需要进行复杂的说明，同样，今后的货币单位将会有一个复杂的定义，这个定义为发行这个货币的平台所强制执行，成为拥有货币的人与平台之间的契约。确保契约的不可篡改和有效执行就是平台的信用。一定数量的货币，就是在这份契约中的一定数量、一定比例的权益。比特币就是这样一个契约，它的基本单位，即1个比特币的权益就是所有比特币权益的2100万分之一。

在网络上，这份契约将以数字化的形式存在。因为定义变得复杂，这份契约将不是一个简单的数字，而是一个数据块。这就是货币单位的数据化。

另一个维度是：数据变成主要商品，货币本位数据化。

随着数据和数据中的知识成为人类最主要的财富，数据将成为市场上最大宗的商品。随之而来的，政府可以通过所掌握的数据价值来获得巨大收益，姑且称之为“数据税”。未来，这个数据税的收益有可能比传统的土地税、流通税、所得税、铸币税的收益还庞大，而且公众更加容易接受。到那个时候，社会也许是这样有序运转的：必需品比个人数据还便宜；个人交了10万元向社会购买面额100万元的共享资格，觉得赚了90万元；城里人付钱去乡下种地，美其名曰是古典的田园式的贵族教育……

金本位的早期时代，一英磅就是一磅黄金；现在，一英镑就是一英镑钞票，仅此而已。随着数据成为主要商品，如果能够找到一个合适的数据的价值基准，会不会发行数据本位的货币呢？是有可能的。比如，如果把一个人的基因数据定义为一基因元，别的数据的价值、价格用基因元为单位计算，未必不可以。天赋基因数据于人，所以人从出生起就在数据世界中拥有一份股份，从此再贫穷也不至于一无所有，这是多美好的情景。这就是货币本位的数据化。

第三章　数据价值的实现：数据产业

11. 第四产业

产业就是产生价值的行业，说俗点，产业指把潜在的价值转化为真实的价格的劳动，说得再俗点，就是把东西变成钱，而且核心是钱，而不是东西。依此释义，数据产业就是把数据变成钱的产业。

世界上一般把产业划分为三大类：第一产业，以农业为主，包括农林渔牧等；第二产业，以工业为主，包括采矿、制造、发电、建筑等；第三产业，就是服务业，包括商业、交通、通信、住宿、金融、文化、软件和信息技术服务等。按照这种划分，数据产业划入第三产业是比较合理的。不过，事在人为，能不能找到一个说得通的理由，提升一下数据产业的地位呢？

比如，能不能这样找理由：农业生产出农产品，通过销售变成金钱；工业生产出工业品，通过销售变成金钱，同时又对农业进行渗透；服务业提供对人的服务，通过销售变成金钱，同时又对工业和农业进行渗透；数据产业产生数据，数据通过销售变成金钱，同时又通过数据应用对服务业、工业和农业进行渗透。这么看，数据产业应该是与农业、工业、服务业并列的产业，应该是第四产业呢！

又比如，能不能这样“以人为本”地划分产业：农业使人感觉生存无虞，支持它的是强壮的牛马和顺从的人；工业使人感觉强大，支持它的是轰鸣的机器和野蛮的公司；服务业使人感觉舒服，支持它的是繁忙的运输和灵巧的组织；数据产业使人感觉聪慧，支持它的是天量的计算和泛在的网络。显然，这是四个层次的事情，不宜混淆！

这样三看两看，充分地发挥出主观能动性，我们就能够得出结论，即应该把数据产业从服务业中划分出来，成为第四产业，只有这样才能够凸显数据的价值，只有这样才能够宣示对人的尊重。

当然，为了使数据产业能够成为当之无愧的第四产业，我们还必须充实其理论内涵。通俗点，就是要细分类、广扩军，要穷尽涸泽至无漏网之鱼，要坚壁清野以拒流言非议，要实现一个完整的闭环的生生不息的产业逻辑。首要的是要顺应流行，绘制产业图谱，做有谱之产业。

这里探讨一种产业图谱的画法。纵向，我们用分层法，把数据生产分为四层：数据基础设施、数据资源、数据应用、数据技术。横向，我们用分段法，把数据流动的周期分为七段：数据采集、数据传输、数据存储、数据处理、数据交易、数据分析、数据呈现。这样四层、七段，就有一个包括二十八格的格子谱了。在每个格内填上产业行为、关键技术、典型企业三要素，这就是一个四层、七段、二十八格、八十四要素的产业图谱了，也就是一个产业分工的坐席谱了。如此推演，各种白皮书、蓝皮书、指数、曲线、体系将会应运而生，再分成几个派别进行几番既专业又热闹的论战，一个充满活力的内涵丰富的第四产业就当之无愧地笑傲江湖了。

12. 数据经营

数据将会值多少钱？一个人申请信用卡时填写的信息估计能卖50元，一个企业的基本信用数据估计能卖300元，一张不应该出现的明星照片则可能卖到100万元。总之，不同的数据价格相差很远。不过更重要的是，同样的数据，不同情况下能卖出完全不同的价格。更更重要的是，这还是一个黑暗的森林，每棵果实累累的大树下面都是陷阱，后面可能还有一个守株待兔的猎人。所以，选择合适的数据经营策略是非常烧脑的事情。

对于那些因为机缘际会或者父辈恩荫或者天生丽质，手中有了些数据的“地主”，是卖原料还是卖产品是一个天大的抉择。卖原料轻松但是便宜，很多时候只是比垃圾略贵，一不小心还触犯了隐私之类的红线。卖产品吧，一缺点子，二缺人才，三是数据往往还不够。如果侥幸地在自己那堆数据中挖掘出了某个密码，那基本也是一个烫手的山芋。“一失足，成千古恨啊！”这样思前想后的结果，往往就是地主毅然回头做自给自足的自耕农，自己的数据自己用，用完当绿肥回田。

对于那些有幸积累了、加工了些确实有用的数据成品的“店家”，找到一个合适的买家也是比登天还难。当鱼卖吧，价格肯定便宜，吃鱼的人不会出很多钱。当渔具卖吧，价格是好点，不过可能卖一次就再也卖不出去了，因为会钓鱼的买家自然也会把数据重新打扮再多头卖出去，而且往往越是出大价格的买家越精于此道，甚至本来就以此为生。

更致命的危险是，当我们的数据在市场中流转的时候，很可能已经被别人给笑纳而自己还浑然不觉。有些数据是铁，有些数据则是磁铁，掌握磁铁的人往往大大方方地在数据市场中做好人，实际上却把别人的数据吸得一干二净。比如，做地图的往往就是这样的好人，把地图免费给你用、给我用、给大家用，不过大家的数据也全部被标记到地图上成为地图的附庸数据了。地图就是磁铁，是能吸附数据的数据。

总的来说，互联网是个开放的空间，数据比较自由地在其中流动和交换。开放不等于均衡，共享不等于平等。当你雄赳赳气昂昂地迈入森林，以为丰富的猎物在前面等着的时候，还是先打量一下自己和猎物，以及猎物的猎物有什么区别。

13. 崛起与消亡

产业的崛起是这样的一个过程：一个新兴产业的崛起，伴随着一群行业的消亡；然后，这个新兴产业不断壮大，分化出一群新兴行业，数量足以填补那些消亡的行业的名额；最后产业的顶级掠食者出现，这新的一群行业由于顶级掠食者的出现而从云端跌落，在不断跌落中走向衰灭。

数据产业崛起，将淘汰什么？互联网浩浩荡荡，已成大势，一切可以称之为行业者，如不能乘势，都将被淘汰。一切故步自封、固守藩篱的，将会发现他们原来是画地为牢、自缚待俘而已。不过，产业发展从来都是远交近攻的，数据产业首先淘汰的将是旧的IT公司。历史上，与内燃机最近的亲戚是蒸汽机，而内燃机的出现首先淘汰的也就是蒸汽机。

毫无疑问，数据产业自身会分化为很多行业，好比采油的、卖油的、炼油的、用油的、卖铁锹的，各领其土、各司其责、各取其需。今后的数据产业里，做数据资源的人不会去做应用，做应用的不会去做开发，做开发的不会去做交易，但是他们之间又互相了解、彼此揣摩，以更好地配合、更精明地博弈。因为分工，所以专业，因此导致了人类生产力的提高。因为分工，所以分化，因此导致了不均衡。在大数据的水平线上，新的不均衡将会更加严重。

最后，顶级掠食者出现了，那就是数据金融。数据金融有很多种形态，数据银行是最初始的。古时候，有些人想找一个比家里安全的地方保管钱；有些人有闲钱想放贷但是不谙此道，对借贷中的信用、法律等风险望而生畏；有些人有少量钱，但是需要归集到一起才能达到放贷经营的规模；有些人有赚钱的生意但是没有本钱；不同货币以及货币和贵重金属之间需要兑换；假币需要一个权威机构的鉴别；等等。这些需求推动了早期银行的出现。把“钱”“货币”换成“数据”，以上也就是数据产业将面对的需求，因此顺理成章就会出现数据银行。从数据银行出发，将会形成包括数据交易所、数据基金、数据众筹、数据公社等在内的多元化的数据金融生态。数据金融的出现，既是数据产业走向高级阶段的必然，也将给数据产业格局带来激烈的转换。想想看，如果所有的病人都把自己的数据投给一个共同基金，由这个共同基金同药厂进行数据博弈，将会是怎样的情况呢？所以，给数据金融冠以顶级掠食者的称号是名副其实的。

大数据本来是技术驱动的，是新技术变成新产品，新产品大量应用，进而改变人们的习惯和思维方式的过程。工程师是手握技术的驱动者，曾经高居数据之巅。不过，很遗憾，他们将再现柯达式的谢幕，也就是“柯达发明了数码相机，数码相机淘汰了胶片相机，赢得了市场，柯达却谢幕了”。在数据金融面前，工程师就如宋代诗人张俞笔下的蚕妇，“昨日入城市，归来泪满巾。遍身罗绮者，不是养蚕人。”其实，任何时代都是这样。农业时代，钱庄是顶级掠食者；工业时代，银行是顶级掠食者；服务业时代，信贷是顶级掠食者。

哈耶克认为：“我们刚刚开始理解，发挥先进的工业社会的作用，要依据一个何等精妙的通信系统。这个通信系统，我们叫作市场。它是一种整理分散信息的机制，比人们精心设计的任何机制都更为有效。”这个市场使用的通信方式，曾经是沿街的叫卖，依此发展成面对面交易的集市，曾经是电话的沟通，依此发展出远程指挥的CBD，现在是互联网数据的快速流动，依此发展出了巨型商务数据平台（中心）。而不管采用哪种通信方式，金融最后都因为其彻底的流动性，以及其对数据的彻底的敏感性，而成为市场这个通信系统的核心总线。作为唯一真正彻底地用数据武装起来的行业，只要市场在发展，金融就将取得在其中的凌驾地位。《孟子•滕文公章句上》所云“劳心者治人，劳力者治于人”，确实是一个普遍的产业规律。为什么？因为劳心者心中有数。

大数据时代，命运之笔，抹去一切，新的画卷正在绘就。人类从诞生以来，在几十万年历史长河中浮沉与共的喜怒哀乐，那光荣与梦想、繁华与凋零，还有那无数卑微的红尘、刻薄的命运、幻灭的谎言、流逝的希望，正在徐徐再现其峥嵘。

第四章 大数据时代的生活与生产

14. 消费和生产的融合

工业社会里，一种商品的消费者和生产者一般是两个不同的人。正如马克斯•韦伯认为：企业的现代理性组织具备的第一个特征就是生意与家庭分离，否则它的发展也无从谈起，这一点在现代经济生活中占首要地位。那些同时担负消费者和生产者双重角色的人，往往被认为是自给自足的小农，是落后生产力的旧日余晖，是消逝历史留下来的矫情文物。

但是在当今初具雏形的互联网社会中，消费（或者说生活）的过程和生产的过程结合得非常紧密，已经到了混淆角色的程度。生活是为了了解需要生产什么，生产的过程包容了很多生活的乐趣。微商是从生活圈子开始的生意；开源软件产业中，程序员一边使用社区软件，一边参加软件修改；文化传播产业中，自媒体人一边看微信是读者，一边发微信是作者。这种模式就好像病毒的传染，每个人都在被病毒感染，这就是生活，同时每个人又在传播病毒感染别人，这就是生产。这种模式也好像核裂变，每个原子核都是被中子轰击的对象，每个原子核被轰击后又产生中子去轰击别的原子核。所以，在自己的生活中感悟困难，从痛点入手，开发一个软件或者O2O（Online to Offline，线上到线下）的体系去解决它，进而运用网络进行病毒式营销，实现裂变式扩张，这已经成为一种几近标准的互联网创业方式了。

生活与生产的区分，其实是雇佣者加于被雇佣者的规则。雇佣者通过支付报酬购买了被雇佣者的工作时间，要求在这段时间内被雇佣者只能按照雇佣者的要求从事生产劳动。而对雇佣者自身来说，他们的生活与生产则从来就是自由渗透，乃至没有区分的。互联网打破了这种规则，自由职业者和被自己雇佣者不断增加，今后甚至可能成为社会的主流。人们不再按照是生活还是生产来定义自己的活动，而是按照体验来安排自己的时间和行为。人们一边颠覆一边创造，一边消耗一边收获。旅程不再是对目的地的到达，而是一种过程的体验。同样花了一天时间，我体验好，我说是生活，我愿意花费金钱，我体验不好，我就说是出差，我要获得补贴。生活和生产，这两个词表达的也将不再是人与外界互动的两种行为，而是人对自身体验的两种描述。生活是达者对自己的放纵体验的描述，生产是穷者给自己的激励体验的描述。

从消费者购买消费、生产者投资生产，变成两者共同消费、两者共同生产，好像很大同，不过未必如此。因为两者融合的直接结果，就是聚合两者的平台站在了主导的位置。那个把大家联系起来的撮合消费和生产、消费和消费、生产和生产的平台，将发展出操纵两者的力量。看看那些把消费者联合起来革商家命的团购平台，就是再明显不过的例子。越是无中心的自组织的无线通信网络，其每个网络节点需要遵循的通信协议是越复杂越严格的。想成为自由的节点吗，请自觉地把协议固化到你的脑袋里，而这个自由协议的每一句话都是平台制定的。

这一切可以是积极的阳光的，当平台的操纵地位是通过为人们创造美好体验而获得人们认可来获得的的时候；这一切也可能会变得消极而灰暗，当人们的弱点被平台抓住用来操纵体验的时候。正是在这积极和消极的矛盾斗争中，我们进入了崭新的发展空间。

15. 越来越轻的商业模式

新空间从来不是闲情逸致的世外桃源，而是一个莽荒的世界。白云下这繁花似锦的绿色草原，转眼变苍狼逐鹿的猎场；轻雾中那雀跃鸟语的蜿蜒山岭，其实是龙盘虎踞的巢穴。从几千万年前的恐龙世界到今天，自然选择的天平最终总是偏向最快速的物种，而不是最有力气者。因为力量再大，只能赢得地盘，却不能赢得时间；而快速，则能赢得时间。如果在慢进化的世界里，人的一生只经过一个发展阶段的一个片段，人从出生带来的特质可以适应他一辈子经历的世界，那赢得地盘可足够安逸一生，对于一个明智的个体这就足够了。但是在快进化的互联网世界，尤其现在这个更快进化的大数据时代里，人的一生要经过几个发展阶段的几个轮回，人从出生带来的特质远不足以保障他一辈子对世界的适应，输了速度将朝不保夕，所以明智的人必须要快速起来。

快速，至少包括快速移动、快速改变自己、快速传播。快速移动才能掐尖吃到最好的笋苗，才能获得足够的营养；快速改变自己，才能够适应环境；快速传播，才能快速地扩张，快速地获得支持的力量。

而这个快速的轨迹，往往是迭代式的，不是线性的，甚至不是波浪式的。快速的移动是迭代式的，就是来年可能彻底地回到原点；快速的改变是迭代式的，就是要对自己彻底地脱胎换骨；快速的传播是迭代式的，就是通过病毒式的繁殖达到指数增长的传播速度。

要实现这全面的快速，就得要足够轻。足够轻，移动才能快速，改变才能没有包袱，传播才能如疾风魅影、渗透无阻。蒙古人的长途行军，每天可以达到90公里，是因为没有臃肿的辎重，所以轻，所以快速；重塑一个网页，远比装修一家门店轻便，所以电子商务能快速地改变，进行改头换面式的升级；Google的界面非常简单，微信努力让用户“3分钟爱上你”，软件之间的争夺用户，首先比的就是谁的界面更轻、更简洁，在你闪念之间留住你。

轻是一种永不停止的跃进的原则。没有最轻，只有更轻。相对于工业时代的烟囱、公路、邮递员，互联网带动的信息化是够轻了。但是以移动互联网的出现为标志，信息化又出现了重型信息化和轻型信息化的分野。前者的标志是电子邮件、PC以及网线，后者的标志是微信、手机以及Wi-Fi（无线局域网络）。在轻型信息化的灵巧应用面前，重型信息化完全成了一个笨拙的巨人，有一个词OTT（Over The Top，过顶传球）形象地描述了这种不对称的竞争。

轻是一种朴素的思维方式，是在轻捷的思维指导下的灵活的方法。对于用这种思维方式武装起来的人来说，戈壁上空才有承载翅膀的气流，艰险困难正是阻隔追兵的天堑。

大军过河的故事

大军要渡河，但是河水湍急，无法架设浮桥。左右上下搜索，只找到一艘小船，将军犯了愁。旁边谋士建议“军中多铁匠，此处河面不宽，两岸峭立，可架铁索桥”。将军觉得有理，安排铁匠锻造好铁链，命校尉甲驾小船把铁链拉到河对岸固定。不一会，甲回来复命，说“铁链太重，船太小，载不动，需要给我一艘大船”。将军很生气，“如果有大船，还需要造桥吗？”将军再命校尉乙行之。乙开动脑筋，想到了办法。他先驾小船拉一根细绳子过河，细绳子后面系一根粗绳子，粗绳子后面拉着铁链，就这样顺利把铁链拉到河对岸，完成了架桥的任务。

这个小故事中，校尉乙基于现有基础条件，找到创新的办法，先突破一点，然后迭代式增长，最后完成了架设铁索桥的任务，这就是轻的思维。

上升或下行的趋势只差在毫厘之间，成功来自再改进一点的勤奋中。快速迭代，越来越轻，既要吸附资源，又不能变得滞重。竞争表面上是和对手的角力，本质上是在时间仲裁下的奔跑。赢得速度，就是赢得时间，才能赢得未来。

16. 从数据视角看社会治理

社会治理是一个宏观问题。从古到今，任何政府，在技术上都是靠数据去治理社会的。从几千年前到几百年前的封建时代，每一个王朝建立政权后的首要工作就是接收前朝的账册，然后丈量田亩、点计户籍、计算税负。而每一个王朝的衰败，也是从田亩失真、户籍失实、税负失控，其实就是数据混乱开始的。在停滞的农业社会，只要确保账册的准确，社会治理就基本有序。但在当今，在流动性如此之高的现代社会里，各种复杂问题交织激荡，种种“黑天鹅”“灰犀牛”“南美蝴蝶”现象层出不穷，靠账册、靠静态的数据库已经远远不够了。大数据的应运而出，为精确定义、分析乃至解决动态的宏观问题提供了重要的工具。甚至可以说，如果没有大数据，要想把握动态的宏观问题就如瞎子摸象，一半靠猜，一半靠凑，运气的成分很大。

数据要素的流动是快速无边界的，而且作为“指挥棒”带动其他各种要素的流动。大数据通过数据的“穿针引线”，跨越地域、行业、人群的边界，把各种应用场景结合起来，实现经济社会各领域的大规模全景集成，从而为解决或者把控宏观问题提供系统的工具。正如2012年5月联合国《大数据开发：机遇与挑战》报告指出的，由于世界正变得越来越难以控制，而事物之间存在着相互联系，故政策制定者更倾向于利用这些关系，采用更为简单廉价的方式来防止世界不稳定因素所造成的损害或将这种损害保持在最低限度，而不是试图去扭转它。大数据算法能够检测出各时间范围数据的模式、趋势和相关性，帮助发现异常现象和它们之间的联系。

在社会治理领域，基本的大数据应用场景有三种：一是供需数据集中以后通过算法进行集中调度、撮合，比如打车平台、外卖平台、招聘平台；二是数据集中或者充分共享以后，支持决策者进行跨部门的协调，以及综合分析判断，比如城市应急指挥系统、经济运行预测系统；三是数据开放以后，便于公众参与和监督。

把这些应用场景多层次地组合起来，我们就有可能挑战一些超级有难度的宏观问题了。

比如，如何构建高度流动性社会的运行秩序？从历史上看，我们没有经过重商主义的长期历史阶段，而较快地从停滞千年的农业社会进入高度流动性的全球化时代，社会各阶层、各领域对流动性普遍缺乏有效的自律和约束能力，造成社会成本、民众压力高企不下。以地域、亲情为纽带的熟人社会的宏观环境事实上已经消失，但个体还是不得不付出更高的成本维持微观的熟人圈子。商品、服务、劳动力市场上，一面有供给，另一面有需求，但是渠道混乱，信用缺乏，供给与需求无法对接。大数据的供求数据集中撮合，以及透明规范的信用累积机制，能不能提高社会对流动性的自律和约束能力，帮助构建和谐稳定的秩序呢？

比如，如何预见和应对社会危机？未来不明朗、机会不均等、信息不对称，表面是贬义词，其实正是社会发展的动力，不过关键是适度，一旦过度，就会带来社会危机。但是什么程度才是过度？这极大地依赖于人们的群体意识，取决于人们心理上是否出现不稳定。很多社会危机就是人们心理上的不稳定导致的情绪化的群体行为。如果能够全面掌握人的数据，就能够深入了解人的需求、了解人的问题，就能够分析群体的心理、掌握群体的情绪，从而更好地预见和应对社会危机。

然而，这就涉及个人数据的保护问题了。围绕数据的博弈一直是人与社会互动的主线之一。人们希望得到个性化的服务却不愿意交出个人的数据；人们把正面的信用数据公开，信用机构却想方设法要掌握人们负面的信用数据；食品溯源，给家禽家畜戴上可识别的电子标签，其实还是想把食品生产流通环节上的人连接进来进行追究。互联网把人使用的计算机连接起来，移动互联网连接了人们的位置，社交网络连接人们的关系，而大数据则把以上所有的数据集中起来，与人的身份联系起来，从而真正意义上全面掌握了个人数据。在大数据面前，个人数据，包括人的隐私是无可遁形的，只有通过法律去保护，去制约个人数据的扩散和被滥用。

17. 知识巅峰的易主：程序员来了

“一个真正的具有世界历史意义的时刻——一个人类的群星闪耀时刻出现以前，必然会有漫长的岁月无谓地流逝而去，在这种关键的时刻，那些平时慢慢悠悠顺序发生和并列发生的事，都压缩在这电光火石般的一刻……”奥地利作家茨威格在《人类群星闪耀时》一书中如此写道。

世界历史上，有那么些不多的人，谓为哲学家、科学家、发明家们，如群星闪耀在知识之巅，以为他们就是压缩时间的人。然而，现在来了这么一群人，他们面目模糊，他们沉默少语，他们昼伏夜出，他们点指兵兵，他们把知识塞到电脑里，把人们一生完成的算计变成了网上的一瞬间，他们叫程序员。

不得不说，巅峰易主了。那些曾经被同学们围着请教的活字典，地位已经被程序员编写的某个电子词典或者某个手机APP取代。那些字字珠玑的教育家，再精辟也比不上程序员在网络教育平台上围绕知识点分解的一段段精选的教学视频。更不要说那些欲哭无泪的预言家了，网络上已经被程序员琳琅满目塞满了千千万万种预言，在误差范围内涵盖了未来的一切可能，预言家的任何预言都无法摆脱抄袭的指责。

有一句广为流传的话，“科学家千辛万苦爬到山顶，发现哲学家早就等在那里了”。如果我们顺着这个竿子，在百尺高度再爬上一步，故事将变成这样：科学家千辛万苦爬到山顶，发现哲学家早就等在那里，不过快冻死了，好在跟在后面的发明家这时带着一个太阳能取暖器到来，大家正高兴，煞风景的程序员上来了，带了个大锅炉，后面还拉了一条输油管。

为什么哲学家、科学家、发明家最终都要让位给程序员？因为哲学家穿过森林，谁也不知道他的路线，科学家穿过森林，只标记出他的路径，发明家穿过森林，拿斧头砍出了一条小路，而程序员穿过森林，用代码铺出了一条大路。前者是游走者、探险者、开拓者，而后者则是铺路者，以代码为路石，一行行地铺就知识来去的康庄大路，把知识生产从手工业时代带到了大工业时代。知识因此而爆发，单位数量的知识，不管是哲学的还是科学的还是发明的，都因此而贬值了。这也给我们一个机会，从对知识的直接膜拜中摆脱出来，而思考一下知识和求知，这两者之间孰轻孰重的问题。

那些古代关于知识和求知者的故事中，被尊重的是什么？过去是知识本身。但是如今，确实很遗憾地看到，就知识的质量和数量来说，当今的任何一个中学生都超越了绝大多数的古人。然而，那些古代故事现在读来仍然具有现实意义，因为其中的求知精神和方法比知识本身更宝贵。我们经常说：求知越是艰难，所得的知识越是宝贵。事实经常并非如此。一本千辛万苦求得的秘籍，未必比路边那棵无言的小草更有哲理，只是不经历千辛万苦，你没有锤炼出向微的谦卑和见著的方法罢了。所以准确地应该这么说：求知越是艰难，所得的知识未必宝贵，但是所锤炼的精神和方法确是真金。知识就是知识，是人对大自然的了解，求知就是求知，是人自身的品质。那些以为垄断了些许知识就可以假大自然之威吹嘘自己品质之高的自大，恰恰失去了求知的品质。

这个时代，知识在贬值，求知才珍贵。那些关于dir/s/p命令以及FAT32和NTFS之间区别的知识已经无足轻重。那些关于在酷夏的沙漠中如何在子夜里潜行，在冷月的辉映下追寻前人足迹的知识，也早已失去了现实意义。活字典还想享受虚荣，就要告诉大家特别的记忆方法；教育家还想有价值，就要育人而不仅仅是讲授知识；预言家还想被推崇，就要说出预言的推理过程和成立的前因后果。至于哲学家、科学家、发明家，也不再因为他们所站立的位置而闪耀，而是因为其所经历的旅程和在其中锤炼的品质才成为群星。

18. 新美学的诞生

手工业代表着一种想象中的古典美学：潺潺溪水旁的院落里，袅袅炊烟下的家庭作坊，日出而作、日落而息的一家老幼，世代相传的手艺。每一个作品都凝聚了丰富的情感，细微的差别中刻画出不同的脸谱。大工业呢，代表着什么想象？是理智的成本计算，是分毫不差的工程图，是标准化的规格一致的产品，更有那个气人的游标卡尺，把古典美学在想象中给设计大师点缀的神采夹得粉碎。

被夹得更加粉碎的还有那些兼有朔气传金柝的血脉偾张和春闺梦里人的婉转柔肠的古典军事美学。

首先是19世纪，机枪的发明，硬生生彻底地把那些在三峰山、在阿金库尔、在楚德湖的冰面上，层层叠叠、整齐排列，披甲执锐、耀武扬威，骑在高头大马上全速冲锋，急切地要在漫天箭雨落下前短兵接阵的骑士赶下马，变成三三两两、次第而出，躬着腰奔跑、贴着地爬行，从不沿一条直线前进，看到一个弹坑就迫不及待跳进去匍匐的军士。在第一次世界大战中，法国的第十七号计划曾想为骑士的风采还魂，这是个进攻到底的学说，是1870年后被批准的第十七个作战计划。战场上，法国军队在团旗和军乐队的伴随下，以训练有素的整齐队形前进，戴着白手套的军官走在队列前面二十码，就像阅兵行进那样镇定，但是没有一个人能前进五十码以上而不被打翻的。

然后是20世纪初，一群手里摆弄着指挥尺，对着一堆沙子忙忙碌碌插小旗的人组成的参谋部的出现，直接终结了诸葛亮再世的可能性和必要性。1916年7月1日，索姆河畔，德军参谋部根据地图上的座标线指挥枪炮火力对无人地带的每一平方码倾泻弹药，到日落时，无人地带遍布着六万多名死伤的英军。从此，军事从人与人之间的古典式的对决，变成了机器和计算的较量。

同样的，知识生产从手工业时代迈入大工业时代，也是画风陡变，从风花满楼变成了铁手无情。

比如，那手工业时代的古典密码是这样被大工业时代摧残的，故事可以如此表述：古典密码的钥匙是“八月十午”，即必须赶在八月十日的正午时分打开密室天窗，让太阳光照在密室中间的石碑上，碑尖的影子刚好投射到第3块画砖中间，画砖上面是一幅鱼戏莲池的烧画，仔细辨认，画中一共有9朵花、6条鱼，密码原来是365。为什么不是396？因为9朵花中有3朵缺了，6条鱼中有1条是大鱼。为什么不是356？因为花无缺是江小鱼的哥哥，哥哥应该排在弟弟前面。这种密码的密法貌似神秘，但是在现代破译技术前毫无秘密可言。大工业时代的密码是这样粗暴的：直接告诉你密码的钥匙是“333666”，即密码是圆周率的第10的333次方位数后面的666个数字，欢迎你去算。

这个知识生产的大工业时代，传统美学正在变成古典的文物，被湮没，然后呢……也许会在新的高度再生。传统就是一首轮回的歌，值得从头唱起的才是经典。

第五章　论常识：进化的起止点

19. 常人能理解的知识

常识，常人之识，即常人能理解的知识。常识的任务就是用朴素的语言为众生阐述出平凡世界的丰富内涵。它是随性写意的河流泛舟，偶尔也遇到弯曲激流；它是漫长平缓的草原之旅，偶尔要穿越高山裂谷；它是茶余饭后的林间散步，偶尔会被那乌云暴雨遮阻归路。偶然和意外会给常识点缀些不确定性，使其不那么枯燥，使其更加生机勃勃，但是无论如何，常识不是神秘的，也不应该是神秘的。

大自然对所孕育之物是友好的。它对众生万物展现的是其平和的本来面孔，偶然的狂暴也是常识之情，并无神秘。所以，你可以看到，动物会惊慌却不会迷惑的困扰，儿童会啼哭却没有空洞的茫然。但是，人喜欢对自己的同类施加神秘的影响，他们制造出神秘的概念并不断向同类灌输。于是，你会发现，越是成人，越是在同类中沉浸久了，就越是被神秘所迷茫了。

神秘是循序渐进的。先告诉你大自然是神秘的，然后是天外有天，天上还有神秘的天仙，然后是山外有山，山里还有神秘的山人，然后你就被笼罩在一个深刻觉得自己由于无知，所以渺小的神秘气氛中了。其实天外有天、山外有山本来就是自然现象，人的无知远远大过有知也是自然之事，本不神秘。如果有一天你觉得神秘了，以及因为神秘或感到莫名激动，或感到惶恐不已了，请检索一下你的脑海，你肯定被围幕障目，与常识隔绝了，而用帐幕围蔽你的人已经在偷笑了。

比如无线电通信的发明吧。在这个机器里敲入的字符，在相距几百公里外的机器上能够显示出来，中间没有电线、没有烽火、没有飞鸽，也没有天使藏在天上作弊。“太神秘了”，人们这样以为和崇拜着。不过，当崇拜的人们把最重要的信息托付给无线电传递，以为如此神秘必然可靠的时候，方圆几百公里内的窃听者们已经乐开了花了。

这里有一个很正能量的故事，就是《卖油翁》。

卖油翁

【宋】欧阳修

陈康肃公尧咨善射，当世无双，公亦以此自矜。尝射于家圃，有卖油翁释担而立，睨之，久而不去。见其发矢十中八九，但微颔之。康肃问曰：“汝亦知射乎？吾射不亦精乎？”翁曰：“无他，但手熟尔。”康肃忿然曰：“尔安敢轻吾射！”翁曰：“以我酌油知之。”乃取一葫芦置于地，以钱覆其口，徐以杓酌油沥之，自钱孔入，而钱不湿。因曰：“我亦无他，惟手熟尔。”康肃笑而遣之。

对于射箭，卖油翁是个门外汉，但是因为其具备了常识，所以他又成了真正的专家。康肃是射箭的专家，但是在卖油翁面前，反而有“不识庐山真面目，只缘身在此山中”之惑了。能不能迈过常识的门槛，这才是外行和内行的真正区别。

卖油翁的这句“无他，但手熟尔”，浓缩了高度的智慧，是可以和“菩提本无树，明镜亦非台。本来无一物，何处惹尘埃”交相辉映的哲理名言，读起来平凡而精辟，确实是畅快淋漓。可惜，欧阳修笔下没有给卖油翁留名，但是其历史功绩，可以说不在禹的“化堵为疏”之下。

好吧，让我们用卖油翁的眼光看看一些行业的“神秘”门道：科学不是发现真理吗？为什么科学进步的过程就是不断地否定自己的过程？难道真理不断在否定真理吗？无他，所有科学的解释就是一个文字组合的产品，只要是产品，就要更新换代，就会折旧报废。管理越来越复杂，是否一定必要呢？如果没有必要，为什么管理会如此自然不可逆转地向复杂发展呢？无他，管理者有自我强化的趋向尔。商人沟通有无，本来是农民的好朋友，他们披星戴月、长途跋涉，把多余的粮食运走，从遥远的地方交换来农民需要的物资，但是时间久了，先是大斗进、小斗出，然后是短斤少两、偷换秤砣，最后发展到隔绝道路、囤积居奇。为什么会这样？无他，人心思变尔，时间久了，杂念丛生。谁都想上最好的学校，为什么张三主动送孩子去次好的学校？不是担心小孩跟不上，不是因为学费有差异，而是因为“这学校离家近，接送方便”，张三这么说。其实还有他没有说的，那是他孩子大姨父的表姑丈在学校当校长。为什么张三不直说？无他，凡事不可言尽尔。

文字、火车、自由，这些都是现在的我们耳熟能详的概念，并无神秘之处。但是它们在刚刚诞生的时候是多么神秘呀！没有文字的民族第一次看见文字，没有火车的国家第一次跑起火车，古代巴比伦奴隶第一次听到自由，都是觉得无比神秘、无比震撼的，而且从其历史意义来说也确实是超级伟大的。但是作为概念，虽然99%的人只懂1%不到的人类语言，虽然99.9%的人画不出蒸汽机、内燃机的机械构图，虽然99.99%的人还不能洞悉自由的真谛，但是并不妨碍100%的人们通过把文字、火车、自由的一些属性纳为普通常识，从而把它们变成常识可理解的概念，然后自以为懂了地坦然处之。同样的，不管大数据我们现在看起来多么复杂、多么神秘、多么震撼，以后的我们都会很自然地把大数据的一些属性纳为普通常识，从而觉得大数据也是一种常识可理解的概念，然后自以为懂了似的，坦然地说：无他，只是专业人士为大众提供的一种工具尔。

其实，要想从常识角度认识大数据，无外乎做到两点：第一，认识到大数据将改变人类的一切，如同电改变了人类的一切。将来你可以不懂大数据，但是要懂被大数据改变的社会规则，就好像律师可以不会换电灯泡，但是要知道欠电费是违法行为。第二，尽量去了解大数据的某一个本质属性，从这个基础出发建立牢固的常识。关于大数据，最典型的本质属性就是：数据总是存在于某个地方的，可能是闪存卡，可能是U盘，可能是PC自带的硬盘，可能是云服务商的云存储主机或者其他。尝试一下使用资源管理器，或者其他管理工具，用一种你看得见的目录结构整理你的数据，尝试为你的所有数据建立条理。

当然，有一个关于常识的常识我们千万不能忽略了，就是“任何常识都有成立条件”。比如：“一加一等于二”是常识，但是它是有成立条件的，就是“单位要一致”；进一步说，即使单位一致，都是“滴”，那么“一滴水加一滴水等于两滴水”是常识吧，但是它仍然是有成立条件的，就是“两滴水不能碰到一起”。

有了常识，我们可以进一步通过比喻来用常识解释常识尚未覆盖的问题。比如，我们在常识里就知道：铁会生锈，打磨可以去掉铁表面的锈，但只是暂时的；要长久不生锈，就得通过刷防锈漆隔绝铁表面和空气的接触，或者在铁中掺入其他元素，把铁锻造成不锈钢。这就是很精辟的可用于社会的原理。又比如，我们在常识里就知道磨刀不误砍柴工，如果用磨刀比喻某种手段，砍柴比喻某个目的，这不就能很好地解释手段和目的的辩证和经常发生的争论吗。

只有从常识出发，我们才能正确地认识问题，直到达到下一个常识。就好比小男孩有小男孩的打扮，小女孩有小女孩的打扮，这是常识。能不能不按常识来，把小女孩打扮成假小子，把小男孩打扮成小姑娘？似乎都可以，也不难看。但是时间长了，等小孩子长成大孩子，就出问题了，就回不到大孩子的常识，即大男孩大女孩要有相应性别的心理认知了。表面上，条条大路通罗马，似乎都可以达到正确的目的地。但是实际上，不从常识出发的认识之旅，往往把中途的某个景点，甚至某个海市蜃楼就当成了目的。

20. 从常识到常识：否定之否定

进化的一个周期是什么？就是从常识开始进化，最后收敛于常识的过程。不从常识开始的进化必然曲高和寡，不收敛于常识的进化则是故弄玄虚。

进化的一个周期包括两个阶段：一是打破常识，也就是否定的阶段；二是重建常识，也就是否定之否定的阶段。常识就是这样从否定到否定之否定地发展进化着，这也是关于常识的常识。而这经过否定之否定所产生的新的常识和旧的常识往往有几分神似，使得我们有一种常识回归的感觉。这种回归并不只是感觉，而是真实的，它既反映出客观世界在发展中向本质规律的回归，也反映出人的认识在运动中向止境的回归。

这种导致常识回归的否定之否定是无处不在的。

历史上人们对数据是饥渴的，感觉数据永远是缺乏的。这几年随着互联网上数据的爆炸，人们产生了一种数据太多的感觉。然而当人们逐渐习惯了到处都是数据的时候，却发现真正有用的、真正自己想要的数据仍然是那么缺乏，甚至比30年前还缺乏。

道德应该是一种常识。在社会发展的不同阶段，关于道德的标准是不断在变化的。这种变化往往不是线性的而是波动的，而且经常回归。所以，我们会看到一个有趣的现象，就是对“什么行为是道德的？”这个问题的回答，从长期看一般变化不大，短期内则往往截然相反。流行，作为一种常识，也是类似的，以至可以这样说：想知道30年后流行什么，看看30年前流行什么。还有那些我们曾经遇见过的某些字，小学时我们被教训说这是错字，中学时我们被提醒说这是别字，大学时我们被告知这叫美术字，研究生时我们自己说这叫创作字，考职称时我们被扣分说这就是错字。

否定以及否定之否定，不仅在历史中、在时间坐标上重复地发生，在不同领域、在空间坐标上也在重复地发生。这个领域、这个地方的概念在另一个领域、另一个地方可能完全不同，甚至有截然相反的定义。比如“杞人忧天”的故事，作为一个儿童文学中的寓言，嘲笑的是那些忧虑不切实际的事物的人；但是如果把这个故事放到宇宙学天文学中，则是一个很有预见性的担忧，因为天上的陨石随时可能坠落，天上的彗星可能在明年撞上地球，而天本身也可能在百亿年后的大爆炸中坍塌；如果再回到文学领域，假设这个故事是发生在屈原身上，是屈原在汨罗江畔边诗边歌时候发出的叹息，那可能就变成一个先天下之忧而忧的故事了。

21. 重构常识：理性的任务

首先，让我们借鉴一下费曼的学习方法：第一步，选择一个概念，学习与这个概念相关的知识。第二步，用简单的语言向小学生解释这个概念，做到他能听懂。显然，要做到这点，就要强迫自己进行更深刻的思考。第三步，对发现的问题，主要是自己讲不通顺的地方，继续学习和思考，然后重复第二步。第四步，继续简化你的解释，使得你能在尽可能短的时间，比如30秒内让大家理解和认可你的解释，为此你很可能要用到比喻的方法。

费曼学习方法的要义，就是要能用简洁的话语说清楚一个问题。这是学习的目标，也是理性追求的目标。如果一种理论、一个道理不能为大众基于常识就很快理解、很快接受，那就说明还没有凝练到位。要破除神秘，理性不仅要建造辉煌的科学殿堂，更要重构朴素的常新的常识。

让我们尝试着用常识性的语言分析一些问题，争取30秒内让人能够理解。

——“兵马未动，粮草先行”，是老祖宗的智慧，但不是深奥的道理，而是朴素的常识，即人要吃饭，马要吃草。如果哪一天人不需要吃饭了，马不需要吃草了，那就不需要粮草先行了。

——一些黑科技，比如基因测序，发展到一定阶段会不会颠覆法律和伦理？当然会，这没有什么神秘的。就好像全民接种疫苗当然会改变国民体质，一个摊丁入亩的政策坚持下去必然改变整个农村社会，这里面的关键不在于发明，而在于能不能普及。

——什么时候是手机支付代替纸币的转折点？是人们开始用手机支付买矿泉水，还是人们用手机支付买劳力士？都不是。是和朋友外出买东西时，忽然觉得使用纸币很土、很没有面子的时候。至于那些关于支付占比的统计数字，只不过是为这一天的到来推波助澜，以及事后提供佐证而已。这不是一个幽默，而是真切的事实。因为技术的进步往往是一个连续的进程，如果在某个阶段忽然出现急速发展的高潮，在几年内产生令人瞠目结舌的普及，究其原因，我们会发现，启动这个高潮的，往往不是技术发生了突然的跃迁，而是人们的观念突然发生了转变。观念的转变导致市场的膨胀，市场的膨胀导致资金的大量投入，资金的大量投入再推动技术研发，从而出现了急速的发展高潮。大数据浪潮尤其是如此，那些激动人心的大数据技术，其实都有了十年以上的发展，但是，之所以这几年忽然产生巨大的影响，最大的原因是其忽然地终于激动了人心，而不是其技术指标忽然高了多少，更不是数据量忽然大了多少。

任何一个影响社会的浪潮的爆发，往往是组成社会的人的情绪的爆发，是社会规律而不是技术规律。这时候往往也泥沙俱下，被潮流裹挟的远远多于自愿的，盲动的远远多于自觉的。甚至，对于一个没有准备好的社会，一开始其破坏的会远远大于其创造的。比如，铁路和机器进入一个落后的封建的农业社会的时候，一开始带来的往往是自然经济被摧毁、棉农的破产、船工的失业。

技术的浪潮未必来自技术，进步的要素未必带来进步，30秒内能说清楚的常识显然并不能深刻地阐述这些围绕常识的辩证和转化。但是，我们可以用另一个30秒阐述一个关于常识的常识，那就是：常识不仅是常人之识，也是常学之识，是常新之识。我们需要经常重新构造我们的常识，这就是理性的任务。

浮华终究消逝，唯有常识永恒。

景

白发渔樵遇江渚，
秋月春风叹九鸟。
好景夕识过客泪，
不知客是为谁哭。

第二篇　大数据时代的辩证

一切都是辩证的，过犹不及、物极必反是辩证，反之亦然、相反相成也是辩证。

第六章　信息化的历史辩证

22. 技术的历史辩证

看信息技术发展的历史，一切技术似乎都在不断地融合分化中，在螺旋式上升中相互矛盾着又相互促进着，其中充满了有趣的辩证。

——硬件和软件的消长。20世纪50年代电脑刚诞生的时候，IBM公司的创始人Thomas Watson曾说“世界上只需要5台电脑”。1977年，DEC公司的创始人Ken Ollsen也曾说“任何人都没理由在家里放一台计算机”。那个年代，人们普遍认为电脑硬件已经足够强大，根本没有对应的软件能够充分发挥电脑的计算能力，整个公司共用一台电脑就足够了。但是，1983年，Lotus-123制表软件发布，办公人员发现这款软件如此有用，为了使用这款软件，人人都渴望拥有一台电脑。Lotus-123从而成为“炸”开个人电脑市场的功臣，被冠以“杀手软件”（Killer Software）的称号。从此，电脑进入硬件饥渴的时代，按照摩尔定律每18个月性能就翻一番的电脑速度，还是赶不上新版本Windows软件的消耗，人们不得不不断地升级自己的电脑。然而这种情况近几年正在转变。人们不再那么斤斤计较地关注电脑的性能了，因为只要能运行浏览器，就可以有基本够用的功能，以及足够的消遣占领我们的眼球和时间了。现在，性能比桌面电脑差很多的平板电脑和智能手机，以其方便性获得了比桌面电脑多得多的用户。

——大主机和小主机、瘦终端和胖终端的交替。世界第一台电子计算机ENIAC用电子管制造，它的主机是一台放在安装有精密空调的机房里的重30吨、占地180多平方米、功率140千瓦的庞然大物；而放在使用者面前的只是一台逐行显示字符、没有硬盘的操作终端，连最简单的打印也要输出到主机进行。这是一个典型的大主机、瘦终端的计算模式。此后，服务器不断微型化，直到推出小到1 U，即4.4厘米高的刀片式服务器；而个人电脑的功能越来越强大，采用和服务器一样速度的CPU，具备丰富的图形界面、庞大的存储能力、强大的外部设备；很多场合，个人电脑干脆直接兼服务器使用。这是一种小主机、胖终端的计算模式。而近来随着搜索引擎、数字地球等大型计算应用的发展和云计算的普及，人们开始重新把计算能力集中到大型服务器或者大型服务器集群，因为集约化管理的大型服务器和服务器集群比个人电脑更加安全可靠，使用率和能效比更高，计算成本更低廉；而终端的计算功能相对弱化，多媒体能力则不断增强，人机界面十分丰富，体积日趋小巧，最典型的就是我们手中的智能手机。大主机、瘦终端的计算模式又出现流行的趋势。

——近距离通信和远距离通信的相互补充。早期的有线通信主要是用电线传递电话和电报信号，因为电线损耗大，信号传输距离很近，于是人们想方设法用加粗电缆降低电阻、增加屏蔽减少衰减以及不断增加中继转发的办法增加传输距离。后来有了大容量光纤和密集波分复用技术，仅仅一对如头发般粗细的光纤就可以轻易地达到400G比特/秒的传输速率，远距离传输的成本迅速降低。长途通信光缆资源甚至开始过剩，反而是如何解决最后1公里或者100米的接入线路问题成为通信业耗资巨大的难点，成本高居不下。最近几年有线通信技术攻关主要围绕这个问题，出现了xDSL、塑料光纤等新技术，但还是没有出现根本突破。无线通信领域也有类似的发展轨迹。早期无线电发射设备功率小，接收性能不好，无线电信号只能传输很近的距离，所以人们孜孜不倦地开展技术创新，增加有效发射功率，努力实现更远距离的传输。跨洋无线电通信、卫星通信的成功，都成为那个时代激动人心的突破。但是从20世纪80年代起，随着移动蜂窝通信的发展，人们反而发现要控制无线电发射的功率以控制无线电信号的传递距离，从而实现无线频谱的空间复用，才能支持城市密集人口区庞大的公共移动通信业务。近来以RFID、Wi-Fi、5G为代表的种种短距离的、微功率的、密集复用的通信技术迅速发展，近场通信NFC成为无线通信的热门领域。NFC中的N是Near的缩写，与Telecom（电信）一词的字头“Tele”的意思恰恰相反。

——语音通信网和数据通信网的融合。语音通信网，包括程控交换电话网以及移动通信电话网发展的历程，就是从单纯的语音传递到支持数据传输，从支持低速度的电报、短信到支持高速度的视频数据传输。数据通信网，则从依附于语音通信网络的一个增值网络壮大独立出来，通信速率和时延性能不断改进，终端从单一的电脑发展到多样化的智能设备，进而开始运行包括语音在内的多媒体通信业务，其中IP电话彻底终结了国际长途电话的高资费。语音通信网与数据通信网的融合就是移动（通信）宽带化和宽带（网络）移动化两种演进路径的结合。移动（通信）宽带化，就是早期的只支持语音传递的窄带移动通信网络，逐渐地增强数据传输带宽，进而支持宽带多媒体和电脑数据业务。宽带（网络）移动化，就是支持数据传输的固定计算机网络，开始移动起来，支持语音和图像，支持包括手机在内的多样化的移动终端。

——从广播风暴、P2P风暴到信息风暴，网络数据风暴周期发生。早期，电脑网络通信和寻址广泛采用广播技术，最典型的是以太网，几十上百台电脑连接在同一根铜缆上连成一个局域网，共享10M比特/秒的带宽，一根铜缆就是一个广播域。这种技术简单易行，但是一旦连接电脑过多，数据通信量超过一个阀值，就会引起数据广播风暴，导致网络瘫痪，网络通信能力降至近似零。广播机制的先天缺陷制约了网络的大型化。为此人们发明了网络交换机、路由器和一系列的网络协议，从技术上解决了广播风暴问题，成功地发展起城域网、广域网，直到把上十亿台设备连接到Internet网络上。然而，以BT为代表的视频分发和文件共享的流行，再次掀起了网络上的P2P数据风暴。一段时间内，Internet网络主干流量的2/3以上是P2P的视频数据，这种对网络资源的滥用导致整个网络主干几乎瘫痪。为此，人们采取限制流量、封闭通信端口等管理措施缓解了这个问题。而Twitter、Facebook、微信、微博等技术和应用，把每一个上网者从信息消费者变成了兼顾信息消费和信息生产的双重角色，导致了信息爆炸和信息风暴。从广播风暴到P2P风暴，再到信息风暴，一次次的风暴，有技术的原因，有人为的原因，似乎原因完全不同，但是有一个本质是类似的，就是当网络把越来越多的信息节点连接起来，而这些信息节点一旦从接收者变成接收/发送的双向节点，数据流从集中式的单向传输变成分布式的双向传输的时候，网络数据量会在一个很短的时间内出现指数式的增长，导致网络技术和管理问题集中爆发而形成风暴。

总之，几十年来信息技术的发展，就是这样辩证地前进着。或许，我们更可以大胆地思考一下模拟和数字化的矛盾和辩证发展。信息技术革命到目前为止就是数字化革命，所有信息都被变成了0、1的二进制数据在信息网络中传输、存储、处理。今后，这个数字化革命会不会发展到极致而进入后数字化时代呢？也许后数字化时代会是这样发展的：首先，数字表现技术将如此的精细，从而在使用者眼前呈现的是一个逼真的看不出像素的模拟世界；接着，模糊运算将能够模拟人脑的思维运作，而把精确运算这一数字化运作模式越来越深地隐藏到使用者乃至开发者都无法觉察的后台；最后，数字化，甚至计算将从我们眼前消失，我们面对的将是一个人们指挥智能去驱动的模拟的大自然。

美国施乐公司PARC研究中心（Palo Alto Research Center）首席科学家Mark Weiser指出："最深刻的技术是看不见的技术，是那些融入日常生活并消失在日常生活中的技术。""正如以前的马达已经从我们眼前消失一样，计算机以后也会完全消失，但还是相互联络，更加全面地服务人类。人类不会意识到这一点，系统也不会强制人类的行为，这一新世界的主导还是人类。”这种从发展壮大到融入消失、从有到无的否定之否定，恰恰是对信息技术发展的生动写照。

23. 技术与商业的辩证

信息化总的来说，技术驱动的特征特别明显。但是，技术绝对不是一切，先进的技术如果不能赢得产业链，就将被市场淘汰，所谓的先进也将失去价值。比如高通公司主导的CDMA技术上确实比GSM先进，但是因为无法与GSM阵营的庞大厂商和市场规模长期竞争，高通公司不得不在进入4G时代的时候放弃独立演进CDMA的技术路线而与GSM融合发展。

垄断是技术进步的障碍，但是每一个技术进步者一旦领先，就会千方百计地高筑起垄断的壁垒。当然这一切可以是合法的，比如通过策略性地大量申请专利；可以是合理的，比如通过设计一些复杂的难以兼容的技术细节；可以是合情的，比如通过培养用户使用时的依赖性习惯等等。所以，对于技术上的后来居上者，先进绝对不等于能够取得商业的成功，必须先进到足够瓦解原来的垄断的壁垒才行。一个典型的例子，就是Windows二十多年来一直稳固地统治着PC操作系统市场，其实，以当今业界的水平，集中力量另外研发出一个完全知识产权、足够稳定、局部性能比Windows更先进的PC操作系统并非难事，但是实事求是地说，确实无法研发出一个既不侵犯Windows的知识产权还能与用户当前的Windows应用兼容的操作系统。

大数据时代，对数据的控制也能直接影响技术的进步。表面上看，大部分大数据算法，即数据分析技术是公开的，在互联网上的软件开源社区就可以直接下载算法程序的源代码。但是，这些算法是需要用数据来训练、来适配、来调优的。算法就好比婴儿的大脑，数据就好比营养。没有营养供给，大脑是无法发育的，一切智能、智力、智商、智慧都将是空谈。人类考古学告诉我们，原始人类是在学会了用火，吃到了熟食尤其是熟肉食以后，由于改善了对大脑的营养供应，大脑才得以进一步发育，从而出现智力的飞跃，开始进行复杂的思考。

是啊，当工程师们千辛万苦地占据技术的前沿，却发现脚下的土地是属于商业的，这种失落，就好像物理学家们千辛万苦地推导出能量转换的定律，却发现决定宇宙运转的是暗能量。世界是公平的，反之亦然，当企业家们千辛万苦地登上商业的巅峰，却往往发现其脚下的市场正在被新技术掘空。

不过，对于程序员来说，这种失落的感觉应该是淡漠的。因为在程序员的眼里，技术和商业本是类似的，都是运转中的逻辑关系。程序是什么，是电脑里运转的逻辑关系；技术是什么，是机器里运转的逻辑关系；商业是什么，是市场里运转的逻辑关系。在互联网上的虚拟世界里，技术也好，商业也好，和程序一样，都是运转的软件。它们依赖的介质是代码，遵循的规矩是逻辑，描述的本质是关系。在网络世界里，将没有独立的技术史，或者独立的商业史，只有两者与程序交织在一起的关系进化史。

24. 雇佣军的崛起

辩证法告诉我们，发展就是矛盾双方的对立转化。它的基本过程是这样的：矛盾双方相互对立、相互消长、相互转换，最后其中一方因为有更强的生命力而决定性地胜出，从而推动发展进入新的阶段。在新的阶段，产生新的矛盾着的双方。

然而，现实世界往往更加戏剧化。很多时候，因为其他因素的卷入，矛盾双方可能妥协、可能融合、可能共同壮大，也可能一起沉沦。城里有个图书馆，读者可免费借阅曹雪芹捐赠的原版《红楼梦》；有一天，图书馆把假冒《红楼梦》也摆出来供人借阅，曹雪芹前往询问原因，图书馆表示假冒《红楼梦》出了赞助费；曹雪芹一怒之下收回了捐赠；于是读者再不能从图书馆借到原版《红楼梦》，议论纷纷；图书馆面对舆论压力，只好清退了假冒《红楼梦》，并请曹雪芹赠还原版《红楼梦》，曹雪芹说“可以，但是从此我要收费”；从此，读者要借阅原版《红楼梦》就必须付费了，收入由图书馆和曹雪芹分成。由于假冒《红楼梦》的卷入，图书馆和曹雪芹从产生矛盾到相互妥协，形成谋利的共同体，而读者成了牺牲品。这里，假冒《红楼梦》是肇事的第三方，读者是被牺牲的第三方。

一些传统行业，竞争进入胶着，发展处于困境，看不到前景，没有投资吸引力，便想着拥抱互联网，希望借助互联网的力量战胜竞争对手。于是电子商务、共享经济等互联网平台横空出世，它们既利用了传统行业积累的消费习惯、生产技术，又从传统行业中集资、烧钱，迅速发展壮大。但传统行业并没有获得预期的红利，而是成为互联网平台的附庸，甚至在一次性榨取后被摧毁。传统行业拥抱互联网，是以为能嫁接新枝开新花，没想到水土不服、无法升级，最后成了互联网经济的花泥。在传统行业面前，互联网经济不仅是快速、便捷的，更是大胆、狡诈的。这似乎并不是一个创造性的故事，而像一场诡谲的战争，那场发生在13世纪以雇佣军而闻名的北意大利城市之间的混战。

13世纪，北意大利城市经济繁荣，但是分成帝党和教皇党互相攻击。由于城市的市民大多有产业需要经营，不愿意参军打仗，那样既危险更会带来很大的经济损失。精明富有的市民发现雇佣别人，尤其是外国人打仗是个不错的选择，于是雇佣军应运而生，逐渐形成了一个庞大的雇佣军市场。雇佣军首领和所带领的佣兵成立一个公司，首领是公司负责人，佣兵是公司雇员，公司与城市签定合同，约定所提供的军队数量、兵种、装备、后勤、作战时间，以及费用和战利品的分配。由于一切都是用钱计算的，所以雇佣军在作战中，往往会特别精心地进行策划，不莽撞，不意气用事，尽可能以最小的代价获得最大的收益。雇佣军首领周旋于城市之间，为出价最高的城市作战。最典型的如白色军团的首领约翰•霍克伍德爵士，他的名字因为进入了《新概念英语》课本而在国人中名闻遐迩。后来，一些雇佣军首领的势力发展到如此强大，以至于喧宾夺主，不仅成了战场的主宰，更成了城市的统治者，比如弗拉西斯科•斯福扎在米兰。在那些雇佣他们的城市面前，雇佣军不仅是高效、专业的，更是大胆、狡诈的。

这种雇佣军式的崛起是无处不在的。生产商与生产商的竞争，造就了渠道商的崛起；网站与网站的竞争，造就了搜索引擎的崛起；数据库管理系统与数据库管理系统的竞争，造就了中间件的崛起。必须正视听的是，雇佣军虽然不是一个很好听的说法，但是事实上，这种意外的转换往往才是真正的代际的进步。我们可以找一些相似但是更加正面而文明的例子，比如金融业，其实一开始就是为大家管理金钱的雇佣军，其赖以存在和壮大的机制也并不高尚，那就是利用信息不对称进行套利，然而，这确实成就了一个现代社会的基石。

25. 轮回：历史是相似的

历史是相似的、重复的、轮回的。用普遍联系的眼光，加上一个合适的观察窗口，我们总能发现其中的脉络。所以预言未来的一种方法，就是了解历史。

先从简单的个人吃穿开始。在夏天，棉袄是包袱是累赘，可到了冬天就是宝贝是财富；不过人是健忘的，到第二年夏天，棉袄又成包袱成累赘了。穷的时候人们平时吃红薯山芋吃杂粮，逢年过节才吃精米白面吃细粮；后来富裕了的人们平时吃细粮，偶尔调节口味的时候来点粗粮；现在人们已经吃腻了细粮，反而认为要吃粗粮才能吃到营养、吃出健康、吃成人上人，甚至发展到吃南瓜苗、地瓜叶，这些当年在穷苦农户家也是凑合着给家畜吃的食物。

再到复杂点的社会性的生产生活。机器是人造出来为人所用的，先进的机器造就了先进的劳动者；但是随着机器越来越先进，以及流水线的出现，劳动者却成为机器的附庸，即使仍然先进也无足轻重了；现在随着机器人、无人车间的出现，劳动者又被从生产线上解放出来了。古时候，医生上门看病是通行的规矩，是一种医德和传统；后来医院出现了，人们上医院找医生成了规矩和通识；现在，随着家庭医生、互联网医疗的发展，送医上门又时兴了起来。原始人大量的时间在荒野闲逛，不知道生产为何物；从农业时代开始，人们不得不用大段时间在田地里劳作，只有少量的农闲时间用于娱乐；将来有没有可能人们用大段时间娱乐或者培养这样那样的兴趣，只用小段时间工作呢？对很多人来说这已经是现实了，而且人们发现这样的时间分配，工作效能会更高。过去的社会，信用基本没问题，所谓君子一诺千金，但是信息是大问题，所以家书抵万金；现在的社会，信息不是问题，如果不懂得拒绝，逛一趟街回来手里能被塞一沓广告，但是信用成了大问题，多少好好的项目，今天楼起了，明天楼塌了，原来是豆腐渣做的楼；未来的社会，随着用大数据全面监管，估计信用不会是问题，但是信息估计会有大问题，因为你以为只属于你的信息不会只属于你，你将被外界所掌握的你的信息所卵翼。

历史是相似的、重复的、轮回的，不仅纵向是这样，横向也是这样的。

大数据会不会造成大崩溃？这是个杞人忧天式的内行问题。网络就是神经系统，大数据就是这神经系统进化出的大脑。没有大脑就没有智能，所以大脑很重要。但是有了大脑也带来很多风险，最大的风险就是大脑很脆弱，所以人把大脑长在人体的最高处，而且用厚厚的头盖骨保护它。封建时代的东方帝国的特点是皇权集中，因此有了庞大的国家机器、发达繁荣的首都；同时代的西欧封建国家的特点是王权衰落，大大小小的封建领主割据、自行其是。但是，历史学家指出，东方帝国虽然强大，但是就好比一个核桃，外壳十分坚硬，可是一旦被打破，就容易被征服；而封建割据的西欧王国，就好比一个西瓜，一锤就烂，但是每个瓜子都要费劲去嗑。

比如，企业负责赚钱、政府负责收税，这似乎是天经地义的事。但是现在互联网平台的赚钱方式怎么看都像是在收税，真是让人困惑。不过，回头看看跨界的历史，我们就不会困惑了。18世纪，英国东印度公司的商人们，主要的赚钱之道可不是什么生产、运输、贸易，而是建立殖民地，然后收税赚钱。准确地说，在1858年英国发表《维多利亚女王宣言》宣布取消东印度公司之前，印度其实是英国东印度公司管辖下的殖民地，而不是英国政府管辖下的殖民地。还有，为什么电商平台现在又起劲地要开线下商店？因为聪明的妃子虽然在后宫的争斗中赢了漂亮的妃子，但是等聪明的妃子得势了，她发现脸其实还是非常重要的。

看到了历史的轮回，我们就不会这么盲目自大了。因为我们今天越是自大，今后就越是会有同样自大的人藐视我们。大数据就是这样。当我们为我们所拥有数据的高速增长激动，而得意忘形地贬低过去的时候，我们可曾想过，增长越快，越说明今天我们所拥有的与未来相比越发渺小，而未来的未来并不属于我们。

轮回也是历史跟我们开玩笑的一种方式。如果我们忘记了历史，历史就会通过轮回把历史上的教训重演给我们。有很多异想天开的主意，什么都好，就是忘记了历史的轮回。比如，计算机采用二进制的计算有很多弊端，那是不是把二进制改成三进制、七进制、十进制就可以解决问题呢？答案是：可以解决因为二进制而导致的问题，但是那些因为二进制而被解决的问题也将因此重新出现。又比如，城市里大量使用钢筋水泥进行建筑，弊端很多，那把钢筋水泥换成草泥是不是能解决问题呢？答案是：可以解决因为钢筋水泥而导致的问题，但是那些因为钢筋水泥才得以伫立的高楼会全部坍塌。常识很简单，但是违背常识的振振有词的主意比比皆是，而且经常大行其道。

不过，历史再怎么轮回，人生是不能重来的。历史剧可以反复翻拍，剧情可以逆转，但是明星的换代确是不可逆的。“杞人忧天”的故事，忧天可能是对的，杞人却是无法翻身了。

26. 战略：选择历史

信息化浪潮蓬勃向前，顺流逆流的形势却是辩证起伏的。技术开放是主流，但技术封闭的iPad、iPhone却为Apple公司赚取了比其他所有走开放路线的PC和手机厂商加起来都多的利润。这赚钱不赚钱的后面是兴衰的必然规律，即每一项革命性的IT技术从发展到发达，意味着这项技术引导的行业从高附加值走向低附加值，PC是这样，手机是这样，网络也是这样。传统行业里也有类似的现象，中国的物流行业产值曾经占GDP的比重高达18%，反而凸显了物流行业的落后，同期发达国家一般为9%左右。

兴衰的表象是财富的创造和消亡，本质是供求矛盾的不断轮回。什么时候生产超过消费变成过剩，就会产生这个领域的过度竞争和发展危机。按照吉尔德定律，在互联网领域，主干网的带宽每6个月增加一倍。在移动通信领域，预计10年内电信运营商将为移动终端提供普遍的高达1G比特/秒的速率。这意味着不远的将来将出现通信能力过剩的现象，也预示着信息服务业彻底取代网络运营业的那天日益临近。这个趋势，我们从电信公司十分勉强的营收增长速度和争先提出从电信运营商向信息服务商转型的战略，已经看到了端倪。

战略能力是把握发展的节奏和历史的起伏之势，并进行战略选择的能力。在信息化思想深入人心，信息传播如此迅速的时代，战略选择已经不仅是看看潮流方向这么简单，而且要看到隐藏在潮流下面的趋势，把握潮流起伏的节奏和相位。只把握潮流方向，亦步亦趋，但是节奏不对，相位差了180度，就将与形势反相，输得一干二净。Motorola公司可以说是管理和技术上的全优生、领头羊，是引领潮流的伟大公司，管理上发明了“六希格玛”质量管理体系认证，技术上发明过彩电显像管、半导体微处理器、对讲机、蜂窝电话，开创了汽车电子、晶体管彩电、半导体、移动通信等多个产业。但是在战略选择上，它却一次又一次重大失误，在PC半导体行业支持Power Mac，拒绝支持IBM PC，成就了Intel和Microsoft；在手机芯片领域拒绝向手机整机竞争者Nokia、三星供货，成就了德州仪器（TI）；最著名的战略选择的失败是实施铱星计划，耗资50多亿美元造就了一个童话般的技术奇迹，在商务上却彻底地失败，铱星公司于2000年破产。有人说，如果铱星计划能早启动十年，就能抢在移动电话普及之前占据充分的市场，如果铱星计划能晚启动十年，就能以更新的技术降低成本，从而以更低的价格发展足够的用户。但是就是这样的不早不晚，在如此不当的战略时机，Motorola的决策者推出了铱星计划，从而把Motorola拖入了泥潭。2008年5月9日，风雨飘摇的Motorola股价以9.76美元收盘，总市值220.11亿美元，仅为2000年的1/6，而它的竞争对手Nokia同日的市值是1088.72亿美元。历史一再重演，2008年还高歌猛进的Nokia，手机产品的质量和易操作性有口皆碑，却因为在智能手机战略上的落后，在Apple和三星的夹攻下节节败退。2011年9月30日，Nokia市值已经跌为215亿美元，仅为三年前的1/5，2013年Nokia手机业务被出售。Nokia把手机当成产品做的战略遭遇了失败，Apple公司以手机整合产业链的战略取得了辉煌。关键时期能不能做出正确的战略选择，是它们成功与否的关键。

历史的轮回提示我们，战略不仅是规划和实现什么未来，更是选择你要重复哪段历史。要真正地把握发展的方向，必须用历史的辩证的眼光分析历史的微观起伏，把握节奏做出乘兴避衰的决策。

第七章　发散与收敛的辩证

27. 从互联网的发散到大数据的收敛

互联网是扁平的、发散的，互联网的诞生是庶民的狂欢。

TCP/IP协议是互联网协议族的统称，其特点就是层次清晰、文本标准、逻辑相对简单，所以开放、兼容、扩展性比较好。基于TCP/IP协议，全球无数的局域网和广域网最后连接起来成为世界性的国际互联网。虽然有一个名为ICANN（互联网名称与数字地址分配机构）的非营利性国际组织，负责分配IP地址空间，管理DNS（域名系统）根服务器，但是总的来说，互联网开始的时候管理是非常松散的，运用是非常自由的。正是这种松散和自由充分激发了大家的积极性，也确保了互联网的生命力，使得互联网得以站到以太网的肩膀上，收割了以太网的果实。

这30多年来，我们看到了互联网的快速增长。1983年，ARPANET开始采用TCP/IP协议，当时全网共113台主机；1988年，第一个通过网络传播的蠕虫病毒出现，当时互联网约有60,000台计算机；今天，全球互联网上各式各样同时在线的电脑、手机、智能装备接近100亿台，人均超过1台。再加上分布式计算、自媒体、P2P等草根风格的技术和应用的出现，整个互联网成了狂欢的舞台。

不过现在谁还会注意到TCP/IP试图给互联网规划的开放、兼容、扩展性呢？这些已经淹没在了互联网巨头的身影下。人们还可以在网上任性地聊天、随意地转发、张扬自己的个性，但是人们都清楚地知道规则随时可以改变，而这改变之容易，不过是公司下个通知，要求系统管理员放下手中的那杯外卖咖啡，坐到电脑前输入密码、改变个配置而已。

这个历史趋势是无法改变的。互联网不会因为产生时自由而一定永远自由下去。人类在原始公社的时候也是很自由的，但是后来应运时势还是出现了国家。公元前522年，波斯的大流士一世可是通过7个人的圆桌讨论和投票坐上独裁君主的位置。互联网也将重复这样的历史辩证和博弈，在自由中走向集中。

人们可以百般地把责任推卸给历史的规律，以此为自己开脱，但是这其实更是人们需求发展的结果，是人们无度扩张的需求导致的必然结果。一台PC的硬盘存储容量已经超过了1000 G字节，但是人们还觉得不满足；移动硬盘已经足够小巧，也就一盒香烟或者一个化妆盒的大小，但是人们可以随身携带香烟、化妆盒，却觉得随身携带硬盘很累赘、很不方便，还是想把自己的文件存储在网上。于是，各种各样的存储云就这样应人们的需要诞生了。一切都这样的自然，为了更方便，为了显得更现代。但是，人们在满足的同时，付出的代价就是放弃了隐私，放弃了自立的自由。当人们把原来放在PC硬盘中的个人数据交给互联网公司庞大的数据中心云存储的时候，就等于放弃了自给自足的田园，把土地合并给了一个领主。为什么说是领主？因为这些庞大的数据中心，并不是开放的公地，而是互联网公司自己的封地。

大数据是在封地上长出的巨兽，是互联网草根幻象的终结者。互联网曾经是小蚂蚁的天堂，如今大象开始跳舞，蚂蚁只有离开舞台。大数据时代，计算的能力在再集中，数据的权力在再集中，互联网在再中心化。世界上原来没有路，走的人多了，就有了路；后来人们发明了汽车，于是路给汽车走了，人只能靠边了。

互联网的发展就好像恒星的形成。早期它是一个由很多自由粒子构成的星尘云，后来由于万有引力的作用，这些粒子越来越集中到一起。而越集中到一起，万有引力的作用越强，直到星尘云被压缩变成致密的恒星。恒星核心部分的粒子由于受到如此巨大的压力而开始发生核聚变。但是，距离近到一定阶段，电磁相互作用和热辐射的排斥力开始显现，阻止构成恒星的粒子们进一步被万有引力压缩成一个点。大数据的作用就类似于万有引力，互联网从TCP/IP协议诞生之日起就形成的互联网基因的作用就类似于电磁相互作用和热辐射的排斥力。

大数据的集中带来了新的演变规律。它在扁平的互联网中营造出了制高点，从这个制高点可以观察、把握乃至驾驭互联网。互联网将继续膨胀，大数据则为膨胀的互联网注入了意识。如果说之前的互联网像快速繁殖的蓝藻，大数据时代的互联网就是有智能的大章鱼。是不是很酷？

技术的进步带来社会形态的变化。没有驿道就没有帝国，没有城墙就没有都城，没有电话就没有CBD，没有账本就没有公司。发散的互联网把全球网络变成了鸡犬相闻的村落社会，收敛的大数据则把互联网推进到竞逐财富和权力的城邦时代。

28. 从大数据的收敛到区块链的去中心化

人类的创造活力从哪里来？就是不断发现问题，然后解决问题，然后在解决问题中制造出新的问题，然后继续解决新的问题。大数据解决了很多问题，创造出了很大价值，但是，它的收敛，它的集中，本身就是问题，今后还将带来越来越多的问题。它需要被平衡，需要被制约。区块链的产生适逢其时，扮演了对大数据进行平衡和制约的角色。

区块链是什么？它是一个以网络和算法构成的，基于加密技术的，去权威中心的，难以被舞弊操控的可靠、透明、安全、可追溯的分布式数据库。这个数据库的数据存储形态是一个个依次链接的数据块，叫作区块。构造区块链的一整套技术就叫作区块链技术。

区块链技术在确保效率和安全性的前提下，实现了以下两点机制：一是彻底的数据分布存储机制。加入某个区块链的每台主机上都存储了这个区块链的所有数据。也就是说，如果这个区块链上有一万台主机，那就存储了一万个数据备份。二是防数据篡改的投票机制。在没有获得授权也就是密码的情况下，要修改数据，必须获得超过50%数量的主机同意。也就是说黑客控制了某个主机是无法修改数据的，除非其同时控制了加入这个区块链的50%+1数量的主机。

区块链的核心机理就是如此简单。它虽然基于一套复杂的技术，但是要理解它是什么、如何运用它、它如何影响社会，并没有那么困难。

我们用这个小故事解释一下区块链的用途：有个小山村，村民之间经常发生借贷往来。早先，村里委派甲作为中立的第三方为大家记账。后来，人们发现甲一个人记账不那么可靠，有记错或者伪造篡改的可能，于是人们又公推了乙和丙记账。出现争议时，把甲、乙、丙处的三个账本拿出来比较核对。但是甲、乙、丙三个人也很容易形成营私舞弊的共谋，那是不是再增加丁、戊或者更多的记账人呢？村民犯了难。而且，村民还发现，记账人因为自己家里事情也很多，渐渐地不那么勤快为大家办事了，要其记账的时候经常有人推三托四找借口不来，现在三个人都已经很难来齐，如果增设到五个或者更多人就更难来齐了。最后，村民想到了一个办法，就是村民各人自己记账，但是把账本复写给村民每家一份，如果对某处内容发生争议，全村人把各自保管的账本拿出来互相校验，以超过一半的账本一致记录的内容为准。刚开始时，这样做的效率是很低的，后来村里买了高速复印机，并规定每次记账不论简单复杂就用一页纸，相应地把账本改成了活页装订法。这样，村民终于以较方便的方式解决了记账的问题。这个故事里的账本就是区块链，账本的每一页就是一个区块。

这个故事可以进一步这样演绎：后来，村里搞了个股份制公司，也借鉴了这个记账办法来登记公司股份。公司一共1000股，对应编制了1000页的股份簿，每一股对应股份簿的一页，在这一页上记录股份的原始所有者和以后每次转让的信息。这股份簿复印给每家一本，当某一股的所有人要转让股份的时候，就把自己股份对应的那一页上的后面写上受让的新的所有者信息，然后复印给其他村民更换原来的那页，就算完成了股份转让。这种记账办法也可以用于发行货币，每一元货币对应一页账簿，上面记录了这一元货币所有的转手情况。人们所谓的拥有货币，其实就是在货币发行系统中拥有相应页数的记账权而已。记账权就是货币，虚拟货币就这样产生了。

区块链的彻底的分布式存储机制的设计，决定了其效率不可能太高。完成一个区块的数据在全区块链的更新往往需要几十分钟，所以它不支持大数据，也不能顶替大数据技术。但是它足以支持关键数据，或者说高价值小数据的去中心化存储，这就是对大数据的集中的反制。大数据好比庞大的宝藏，得集中到一个仓库存储，但是我们可以把仓库的钥匙存到区块链里。区块链确实是对人们的一个极大心理安慰：技术创新只要没到尽头，互联网就还没有到封闭的那天。

29. 区块链后记

区块链看起来很美，让人们感到特别安慰。但是真的如此吗？历史告诉我们，任何令人安慰的事物一旦过度商品化就会变成安慰剂。“安慰”与“安慰剂”，一字之差，谬以千里。区块链会不会变成一种畅销的安慰剂？让我们基于常识想象一下。

让我们先做个填空题：“________是一个划时代的发明，它能够保证数据不被篡改。”人们可能会理所当然地认为答案是“区块链”。但是我觉得，答案也可以是“水印”“激光刻蚀”“不对称加密算法”，远远不只“区块链”一个答案。“区块链”最多只是现在这几年最佳的答案而已，今后绝对不是。任何一个伟大的发明之所以伟大，在于其为更伟大的发明的诞生铺平了道路。如果区块链是一个伟大的去中心化的技术发明，很可能其是为一个更伟大的中心化的技术发明铺平了道路。

古代的议会一般在500人以内，原因很简单，超过500人的会场太大了，后排的人很难听清楚讲台上的发言。后来发明了麦克风，讲台上的人发言，10万人的会场全都能听清楚。但是，议会一般还是在500人以内，而不是10万人。为什么？因为这个时候限制议会规模的已经不是嗓门大小、听不听得清楚的声学问题，而是时间问题，即没有人有时间听完10万人逐个表述意见，还有脑力问题，即没有人有脑力去记忆然后对10万人的发言进行归类。所以，虽然发明了麦克风，议会里还是500个人在讨论问题。麦克风带来的进步就是发言的人们可以文明地细声细语，而不用声嘶力竭地大嚷大叫。总之，会场没有变大，只是里面的人更舒适了。一个混合了人和技术的系统，开始时往往技术的局限是制约系统规模的显性因素，但是当克服了技术的局限的时候，人的局限就成为制约系统规模的显性因素。看看身边的例子，一个100人的群如果没有群主会变成什么样子？一个5000人的群还是群吗？社会是一个桶，区块链把某一根木头加得再长，只是使这块木头不成为短板，但是无法解决其他短板的问题。

用什么来衡量区块链的价值呢？我们用造纸来做个比喻。区块链就好比防水纸，人们开始用它来记账、装订成账簿，保管时不怕被掺水；后来人们发现用其印制纸币也非常好，于是就用其印刷了一种新的纸币，就是比特币；后来人们发现用它来印制股票也特别好，可以压在箱子里存放几十年不霉变。很自然的，防水纸的用处这么大，人们发现防水纸本身就是一个好项目，很值得投资。于是人们开始用防水纸来印制股票来融资造防水纸。因为印制股票的消耗，防水纸的销量越来越大，带动了更多的融资来造防水纸，于是这“用防水纸印制的防水纸项目的股票”价格越来越高。当然这名字确实太长了，所以人们一般就简称之为“防水纸股票”。再后来，慢慢地，经就被念歪了。有人用防水纸印刷其他项目的股票，有矿泉水的、肉包子的、大馄饨的，但是都鱼目混珠地把这“用防水纸印制的股票”也简称为“防水纸股票”。人们一听是防水纸股票就买，而已经忘记了“防水纸”到底是项目内容还是纸张的名称。再再后来，人们开始用防水纸来印制彩票、支票，那自然“也是极好、极可靠的”。还有“有识之士”进一步研究指出，既然防水纸可以防水，那自然可以用来造饭碗，不过要加点固化剂使其足够硬，自然可以用来盖屋顶，只要掺点钢使它足够结实，自然可以用来做衣服，当然要衬个绒底使其足够暖和。总之，“有识之士”断言防水纸可以用在人类社会的每一个角落，是我们称之为文明的这世界赐予人类的万能之物，如果动物有良知，也会毫不犹豫地投奔用防水纸铺设的兽笼，至于那些不尽理想的地方，不过是使用者的疏忽和心理上的围城效应而已。

用什么来衡量区块链带来的变化呢？可以和个人电脑的普及相比较。个人电脑普及后，最大的看得见的变化，是所有的人都换掉了他们的办公桌和太师椅，即使是还没有用电脑的也乘机扔掉了旧桌椅。如果没有个人电脑的普及，谁有这样的能力做到这点？所以变化之大，就是如此；所谓变化之小，也是如此。某个人家里很脏，重新装修后就干干净净了。但是不是真正就解决了变脏的问题呢？真的是新装修后其就爱干净变勤快了？如果这样，是不是所有脏的房子都要重新装修才能干净呢？是不是只要一脏就可以装修了？是不是要装修就先弄脏一点？其实，很多我们指望区块链能解决的问题，绝大多数以前也有过解决的机会，区块链只是其中最新的可能生效的一个。

一只南美雨林中的蝴蝶扇动翅膀，可能在北美的大平原上掀起一场龙卷风。这个用以描述混沌系统的极端不稳定性的蝴蝶效应被演绎成励志故事以后，让多少人神魂颠倒啊！人人都去寻找这只蝴蝶，而且觉得虽然不易，但也不难，比如那漫天飞舞、触手可及的区块链就是一只。但是真实的完整的故事可能是这样的：一只南美雨林中的蝴蝶不安分地扇动翅膀，被一只北飞的鸟儿发现而一口吃掉了；味道实在太差，鸟儿勉强飞过加勒比海还是忍不住呕吐了；鸟儿的呕吐物掉到了一只美洲狮的头上，美洲狮愤怒地吼叫起来，吼声把正在睡觉的风神吵醒了；风神这几天本来心情就不好，早就想搞一场风暴发泄一下了，这下借口来了，于是龙卷风来了。所以，光找到蝴蝶是不够的，还要请来那只贪吃的鸟、遇上那头冒失的狮子，以及触怒那位暴躁的风神，这个励志的故事才能变成现实。

还有一个励志的说法是“给我足够的时间，我就能颠覆世界”。谦虚的人们把这希望寄托在区块链身上。不过到底多长时间才是足够的呢？愚公移山的故事里，太行、王屋两座山加起来体积超过1000立方公里，也就是10,000亿立方米。假设愚公带领3000村民，每人每天挖并运到远方倒掉最多1土方，每年一共能挖走差不多100万土方，刚好100万年能挖完。“100万年”，这就是愚公移山故事里“足够”的时间。所以，故事最后安排的结局是被感动的天神把山给搬走了。在技术更新换代如此迅速的今天，没有什么技术能在自己短暂的生命周期内获得足够的时间颠覆世界，唯一的办法是感动了人。

世上从来没有高风亮节的追捧，也没有天真无邪的炒作。好笔未必写得出好字，好纸未必印刷出好书。一项技术变成了时尚的流行，那就已经不是用来针对自然、改造自然、提升生产力的技术了，而是试图针对人、打动人、改造社会的魔术了。

第八章　人与自然的辩证

30. 文字和数字

文字、数字、图像、声音都是数据。图像和声音是世界的多媒体表达，是原始直接的数据，是人和动物都能够接收处理的数据。文字和数字是对世界的抽象表达，是人和动物所不同的思维归纳的产物，是需要后天特别训练才能够接收处理的数据。

文字是人脑中运行的语言。数字是大自然运行的语言，是人类目前为止能理解的唯一的大自然使用的语言，是人和大自然之间打交道的语言。

任何事物都是两面的。文字和数字使人脑成了能思考抽象问题的计算机，同时也束缚了人脑的其他功能。比如，本来人脑天生就是具备强大的图像计算能力的，但是后天却退化了。还有一些本能的类似条件反射的能力也退化了，比如对色谱、气味的辨析能力。包括我们的想象，一面被文字和数字激发，一面又被文字和数字所禁锢。

文字和数字自身是辩证的。文字是自相矛盾的，一切文字的反说也有其道理；文字是历史辩证的，今天的文字不等于昨天的文字的内涵，甚至完全相反。数字是自相矛盾的，每个正数都有对应的负数，每个实数都有对应的虚数；数字是历史辩证的，一样的数字，今天可能代表多，明天可能代表的是少。

文字和数字是统一的。数字必须伴随单位才能准确描述事物，而单位就是文字；文字的描述有其成立的有限空间，而这个空间的有限是用数字来计算的。

在计算机时代，我们进一步把文字转换成数字在计算机中处理；在人工智能时代，我们进一步把计算机计算的数字结果变成拟人化的文字表述给人。

文字和数字是对立的，两者的终极追求南辕北辙。鼓捣数字的自然学家们，为什么一直在苦苦探求宇宙最小的基本粒子？因为一旦宇宙确实是由一种标准的、完全一样的、不可以再分割的基本粒子组成，那宇宙中所有事物的所有特性就将统一为这个基本粒子的某个参数的倍数了。这个倍数是一个数字，而这个参数将如此远离人的主观感知而将只是一个数学符号。一旦如此，文字就失去了和数字并重的意义。鼓捣文字的人文学者们，为什么一直在苦苦探求人类主观世界最本质的意识根源？因为一旦人类主观世界确实存在一个最本质的意识，那人类所能感知到的所有事物都是这个本质意识派生出来的现象而已。这个派生现象的过程显然没有数字什么事，完全是文字如长河一样流淌而形成的。在人文学者的笔下，如果出现一个精准的数字，那简直是如骨在喉、不除不快。所以明明是数不清的星星，他非要写成七八颗，明明是一头头数得清的绵羊，他非要写成如天上的云朵模糊不堪。

文字和数字是符号，是人类用于逻辑推演的语言。文字化和数字化是语言的符号化，就是抽取事物的特征，然后根据人们的定义贴上一个标签。文字化贴的是“好”“坏”“新”“旧”这些充满主观感性的标签，数字化贴的则是“0”“1”“00”“11”这些似乎客观理性的标签。

人类内心深处的主观世界是用文字进行计算或者说进行逻辑推演的。因为人类的主观世界和外部的客观世界尚无法发生直接的天人合一的逻辑沟通，人无法像调动自己的泪腺一样去调动空中的云彩。但是人们发现用数字对客观世界进行计算或者说逻辑推演是可行和可实证的。于是人类把主观世界的文字逻辑经过转换，变成数字逻辑去有效地在客观世界中执行。就好比人们用Basic、FORTRAN、C、Java、Python这些文字化的语言去编程，但是要编译成机器码的二进制数字化的语言才能在计算机中执行。

文字化和数字化都要抽取事物的特征，但是任何抽取都是有漏洞的。我们抽取了我们认为最典型的特征，但是可能失去了最重要的特征。很多时候，隐藏的看不到的特征比明显的看得到的特征更重要、更关键、更具有决定性。最新的科学进展就发现那些尚无法为人类有效观察的暗物质、暗能量可能才是宇宙中真正的决定性力量。好在，人类是一个善于发明术语的物种。总有一天，人们会毅然发明暗科学这个术语，以解释为什么我们的科学发现的问题总是比解决的问题多，从而既以割须代首的行为艺术与伪科学坚决地划清界限，同时又心安理得地承认科学的无能为力之处。人类这样的发明还有许多。比如，用“空”来概括人们的无奈，从而对宇宙中充斥的万般物质视而不见；又或用“π”这个符号来表达圆周率，从而回避穷极数字也无法写全圆周率的现实。

大自然的核心语言到底是数字还是文字呢？当然是无法知道的。但是人们在研究大自然的时候，越来越觉得它像一个人。到底是它就是一个人，还是因为我们用人的眼光去打量大自然而把对象拟人化了呢？量子科学就发现大自然似乎不是可以捉摸的规律，而是如人一样不可捉摸，越细细琢磨越觉得像一个随性的人。“薛定谔的猫”的故事与其说是人研究自然界的量子科学，不如说更像是两个人相互试探：甲问乙“你猜猜我往哪边走”，乙是猜不到的，因为甲是在试探乙的观点，但是一旦乙做出了回答，甲的行动也就决定了。

文字是用来定性的，数字是用来确信的。所谓定性就是把数字描述简化为文字的论断，所谓确信就是确定文字论断有效成立的范围。如果怀以美好的愿望，两者是相得益彰的。

语言是中性的工具。人类发明语言是为了什么？先是陈述，然后是交流，间或以抒情，最终是为了用以改造和操纵包括人自身在内的世界。人想通过文字操纵自然界、那叫作咒语，人想通过数字操纵自然界、那叫作密码。人想通过文字操纵别人、那叫作打动，人想通过数字操纵别人、那叫作收买。给你看一篇长篇大论，是把你作为物而做的量化的计算；给你看复杂的数字，是要给你灌输一个简单的预设的结论。貌似无知的外表下是一颗量小的心，多少貌似无辜的数字是为了给无良的文字制造一个确信的空间。

每一次成功的自欺和欺人，都是精心挑选的数字和巧加琢磨的文字的完美结合。我们就好像鱼缸中的金鱼，所谓科学，不过是我们对眼前这被鱼缸歪曲的空间所做的自以为真实的解释。我们知道数字代表的真实如此苍白，于是编造一段文字，直到编造一套文字来说服自己。数字好比是实景的照片，文字好比是人造的水墨画。前者越是真实，越是清晰，越让人深刻地感觉只在眼前，不在心里；后者越是虚假，越是抽象，却越让人深刻地感到不在眼前，却入心里。数字把客观的变成人工的，文字把人工的变成主观的，最终剩下的终究还是主观的。看看人们是怎样运用数字和文字来算计GDP的吧：历史经济学告诉我们，宋朝的GDP世界第一，但是却灭亡在GDP近似零的游牧民族手中，多震撼的结论啊。但是如果我们把游牧民族驱赶羊群的运输量也算入GDP，把其每天的骑射也算成GDP中的军费开支，把每一匹良马核算出价格，那在汴梁首都圈可是能换一套大房子的，那游牧民族的GDP还近似零吗，还比宋朝少吗。

我们知道自己如同鱼缸里的金鱼一样认知被阻隔，但是我们毕竟不是金鱼，所以我们有穷尽一切去穿越、去努力追求的目标。有种追求，是想知道藏在最远世界的那段密码，这是理科的追求；有种追求，是想用那段密码去操纵自然界，这是工科的追求；有种追求，则是想挖掘最深心底的那段文字，或者把某段文字深植到心底，这是文科的追求。理科、工科是通过研究把不确定性变成确定性的科学，文科是通过演绎把确定性变成不确定性的科学。前者的描述是这样的：“那里有1000个人，还有不超过20个人在过来。”后者的描述是这样的：“啊，成千上万的人，还有数不清的人正奔跑而来。”

现代科学大量地发展数字化的分析方法，取得了辉煌的成果，人类文明因此而凌驾于大自然，至少在地球的表面是这样。不过，代价还是有的，就是哲理性的思考被淹没在物质文明的喧嚣中，这一点甚至比古人都退化了。比如，汉语中的字词，细细品读着实很有哲理，这些都是古人的思考。古人对自然界的了解和了解的手段都太贫乏了，所以被迫发展出一种基于玄谈、面向混沌，只模糊地分析未来的可能，而不精确地规划实施路线的哲理性思维。这种思维推导出的任何结论都只是可能，而不是必然的。说出这种可能，就是它的任务；能说出这种可能，就是它的价值。事实上，可能，而不是必然，似乎更是世界的本原。所以，在我们大飨丰富的文明成果的时候，不要以为我们的研究和思考使我们越来越接近解惑，我们只是离天空越来越近，不过离本原可能越来越远。

31. 感性和理性

感性是来自感官直觉的认识，理性是经过人脑处理后形成的认识。感性认识是认识在初级阶段的表现，理性认识是认识达到高级阶段的表现。理性认识依赖于感性认识，感性认识有待于发展到理性认识。

我们习惯于把大自然当成是理性的。冷冰冰的不为感官直觉所认识的规律在后台运作着大自然，正所谓“大自然不相信眼泪”。我们改造自己，就是摆脱“不可理喻”的感性，发展和大自然适配的理性。

我们曾经认为，感性是人表现出来的性格上的不确定性，是与大自然根本对立的，这使得大家命运多桀。所以我们要强化理性的成分，从而自觉地保持与大自然的一致，减少命运的随机性，使大家生活得更好。不过，后来我们发现，自然原来也是量子不确定的，是概率的、随机的，也就是说自然原来也有不可理喻的一面，它可能是感性的。随之而来的推论就是过分的理性未必符合大自然对我们的期望，感性不应该泯灭。当然，科学者早就提出，感性能激发人的想象力，即构思一个从未见过的画面、创造一个全新概念的能力，这对理性科学的创新非常重要，所以，“感性是理性的重要伙伴”。不过，感性仅仅是理性的重要伙伴吗？感性的存在只是为了让理性能够更好吗？对于常人来说，回答可能是相反的。对于常人来说，理性存在的意义可能只是为自己挥洒感性提供一个安全的空间。感性是水，理性是水库。水库为什么存在，因为我们需要把水安全地蓄积起来，让下游的河流常年不涸，又不至于泛滥成灾。文以义凌音，诗更以音律义，对于常人而言，“听之悦耳”很重要，“言之有理”未必重要。

凡事都是千张皮，反反复复，互为表里。理性下面是感性，感性下面是理性，二者互为补正。对感性的人来说，理性使其能从无妄的冲动中宁静下来；对于理性的人来说，感性才能使其从无边的怀疑中释怀出来。磨琢掉小农的随遇而安、安于天命的极端感性，里面其实是顺应天时、服从规律的极端理性；磨琢掉商贾的利益至上、斤斤计较的极端理性，里面其实亦有与生俱来的对是非曲直的极端感性。理性用文字表达出来就是“反之亦然”“是可为，孰不可为”，感性用文字表达出来就是“反之亦然，然不尽然”“是可为，则为之”。理性认为因为春天来了，所以花儿开放了；感性认为因为花儿开放了，所以才是春天。

32. 暗理性地带

大数据是数字的理性吗？“是的，这不用论证，这是毋庸置疑的”“它是理性分析的工具，是数字化的巅峰”，汗牛充栋的文章斩钉截铁地告诉我们。但是，其实，大数据更是文字的感性。

追本溯源，大数据突然崛起的标志，并不是某个技术出现了什么突然的跃迁，而是大数据这个概念的爆发式流行，它是一个用概念打动人从而自我实现的典型。

“大数据”这个词发明得太好了。作为术语，它有两大优点：一是字面上技术性不强，容易为公众理解，容易深入人心；二是由于“数据”与“信息”两个词语义互通，“大数据”可以把几乎所有信息技术和信息化的重大进步都囊括联系进来。可以说，大数据时代最大的发明是“大数据”这个词。

是文字而不是技术按下了大数据的快进乃至跃进键。大数据是数字的浪潮，更是文字的浪潮。

盘主的新衣

古有盘国。国有大山，名盘山。山中有谷，名盘谷。王居山上，字主，号盘主。相守谷中，字之，号鬼谷之。

一日，盘主喜着新式衣。众人未觉，主懊恼。之察主意，遂大声道，“主，今日为何不穿衣，乱国中风化”。众人忙视主，惊为新衣叹，责鬼谷之乱语，新衣遂流行。

路人闻之，皆曰：衣好不如语好。

大数据重视相关性和先后的次序，但是不看重乃至忽视因果性，所以，大数据不是传统的理性，不倾向于通过分析做出判断。比如这样两句话，“迟来的正义也是正义”和“迟来的正义不是正义”，如何判断哪句话对？大数据能清楚地分析是否迟来，甚至会尝试给正义定义一个量值，但是不会去回答“因为迟来了，所以正义还是不是正义?”的问题。事实上，在真正跨领域的宏大数据的相关性分析中，我们发现因果逻辑经常发生倒置，短拓扑距离的因可能是长拓扑距离的果，反之也如此。为了在有限可行的范围内解决问题，大数据会分析问题发生的时序，从而得出解决问题的次序，但是不要把问题发生的时序变成因果关系，更不要把解决问题的次序变成因果关系。一栋摩天大楼成功封顶了，封顶之前已经砌好了立面砖，时间次序上砌砖在前；不过砌砖和封顶之间没有必然联系，因为即使没有砌砖，只有梁和柱也能封顶；但是如果要拆掉这摩天大楼，就需要先从砖拆起。好好的一头牛，被一堆稻草压垮了，要分析责任，每根稻草都有责任；要解决眼前这头牛不堪重负的问题，抽掉任何一根稻草都可以；但是要做到以后不再出现这样的问题，只有从避免最后一根稻草出现入手。

大数据采用的基于数字的貌似理性的分析还会引申出一些非常有意思的主观的感性的推测。比如，下面两个例子：一个是从对圆周率的分析，引申出“一切都是被预言的”的推测；另一个是从对丢番图方程的分析，引申出“宇宙的起源是很简单的”的推测。

“一切都是被预言的”

圆周率是一个无理数，即无限不循环小数，而且没有发现其数字排列的规则。不像1.1010010001……，虽然也是无理数，但是其数字排列是有规则的。所以，虽然不一定，但是有可能，人们能想到的所有数字，或者数字化的信息组合，和圆周率的某一段数字是一样的。

比如，我们在硬盘上存储了大小为100 M字节的文件，内容是宇宙飞船的设计图纸。这个文件转换为10进制的数字大概有2.4亿位，它有可能和圆周率的某段2.4亿位数字是一样的。请问，这个宇宙飞船到底是人类的发明创造，还是一个早就被预言了的发现呢？

总之，圆周率可能是无所不能的预言家，其中隐藏了所有的信息，包含一切过去和未来发生的事情。

“宇宙的起源是很简单的”

互联网上流传一篇名为《史上最贱的数学题》的译文，讲述了一个有趣的丢番图方程求解的问题，这里部分摘录如下（较原文有删改）：

丢番图方程的解

$$\frac{a}{b+c}+\frac{b}{a+c}+\frac{c}{a+b}=4$$

上面是一个简单的丢番图方程，求解这个方程的正整数解，答案是：

a=154476802108746166441951315019919837485664325669565431700026634898253202035277999

b=36875131794129999827197811565225474825492979968971970996283137471637224634055579

c=4373612677928697257861252602371390152816537558161613618621437993378423467772036

分别是81、80和79位数！如果仗着现代计算机的强大计算能力，试图用暴力计算的方式求解这个貌似简单的方程，那是不可能的。做一个简单的估算，三个分别是81、80和79位数的变量，总共的组合数就是10^{240}。使用目前中国最快、世界排名第二的神威•太湖之光超级计算机来计算，它的计算能力为每秒9.3亿亿次，也就是约10^{17}次/秒，我们需要10^{223}秒才能穷尽所有可能而求解出这个方程。10^{223}秒，大约3×10^{215}年，更震撼的写法就是3000万亿亿亿亿亿亿亿亿亿亿亿亿亿亿亿亿亿亿亿亿亿亿亿亿亿亿年。

把4换成178，就是下面这个方程，答案的位数将接近4亿位。

$$\frac{a}{b+c}+\frac{b}{a+c}+\frac{c}{a+b}=178$$

把4换成896，答案的位数将是数万亿位了。

$$\frac{a}{b+c}+\frac{b}{a+c}+\frac{c}{a+b}=896$$

如果把4再换大一些，答案的位数将会迅速增长到超过宇宙的粒子数，大概10^{80}的数量级了。

沿着这篇趣文展开联想，我们可以这样合理地推测：也许宇宙的起源是很简单的，就是为了计算一个看上去人畜无害的公式，不过经过几百亿年还没有计算出答案；或者说，存在这么一个普通人也能轻松背下来的公式，它却是宇宙演变的根本规则，宇宙中所有的粒子状态都可以由这个公式推算出来。

总之，大数据时代的理性将把我们带到如此之远，远到和感性接壤的地带。为了避免和传统的理性混淆，我们姑且称其为暗理性地带。

在这个暗理性地带，由于感知手段的进步和知识获取的容易，人们的感性认识和理性认识都将极大丰富，而且更加直接、更加真实、更加自主。比如有了谷歌地球、街景地图，以及虚拟现实技术，人们能以接近直接体验的方式感知地球上的任何一个角落，你能建立感性认识的世界大了。在丰富的感性认识基础上，辅助以网络上便捷的多维度的网络书籍，人们不再依赖单一的间接经验渠道，从而建立理性认识的方式更独立了。

在这个暗理性地带，人们更加理性并更加感性着，而且这理性和感性之间触手可及，可以随时来场无缝切换的漫游。《红楼梦》第四十八回香菱学诗中，香菱道，“我看他《塞上》一首，那一联云：‘大漠孤烟直，长河落日圆。’想来烟如何直？日自然是圆的：这‘直’字似无理，‘圆’字似太俗。合上书一想，倒象是见了这景的。若说再找两个字换这两个，竟再找不出两个字来。”“据我看来，诗的好处，有口里说不出来的意思，想去却是逼真的。有似乎无理的，想去竟是有理有情的。”大约指的就是这种漫游的感觉了。

在这个暗理性地带，理性和感性之间的辩证将比理性和感性本身更加重要。在大数据面前，理性和感性接壤的边界是模糊的，但是它们之间的对立是永恒的。因为人类需要这种辩证的对立，当没有的时候就会自然地制造出它来。人类需要辩证的美学的夺魂术来激发自己的能量。从西方的“冰与火之歌”到东方的“何曾百炼钢，今成绕指柔”，摄人心魄的不是对立的两者，而是两者之间的对立。

在这个暗理性地带，由于语义计算技术的进展，计算机将能够理解文字语言的含义，文字和数字将融合。于是，人们在已经把用数字计算，或者说用数字思考的功能委托给计算机的基础上，即将把用文字思考，或者说用文字计算的功能委托给计算机。大数据将扮演人和大自然之间的媒介的角色，以文字的一面呈现于人类，以数字的一面呈现于大自然。

这一切看上去都是很美的。然而，最明智的科学，也不排除作茧自缚的精致主义的自我陶醉的倾向。更有多少假科学之名的劳作，不过是为了点缀一些足够舒适，当然也足够多彩的装饰。我们为了心安理得地住在自满的城堡里，不断地去证明一些我们在无知时信口开河的假设。科学的不行，就用语言的手段，数学的不行，就用文字的办法。不是吗？我们曾经断言物质是看得见的，看不见的不是物质，为此创造了和物质对立的能量，然后又把质能转换定律的发现作为划时代的科学突破。现在，我们又制造了一个包裹自己的大数据世界，以为能够从与冷冰冰的大自然的沟通中解脱出来了。但是，大数据究竟是不是人能驾驭的工具？它是属于人的？还是属于大自然的？或者都不是？人的如意算盘是人终究是懂计算机的，但是其实人只懂计算机对自己的那一面，人如何能懂计算机面对大自然的那一面呢？如同人只知道大自然用数字语言和人交流，人如何知道大自然自己就没有文字语言呢？

人和大自然之间的辩证没有消失，而且新的辩证产生了，就是人和大数据之间的辩证。

第九章　论辩证：进化的方式

33. 一切都是辩证的

一切都是辩证的。无论是历史中还是现实里，辩证无处不在、无物不是。

有钱没钱是辩证的。历史上不乏因为有钱而变穷，因为没钱而富裕的事例。这是因为对实现长久富裕的愿望来说，精打细算、勤奋经营比暂时的有钱更重要。过多的资金往往会鼓励浪费，保护了高消耗低产出的落后生产方式，投入的资金也因为造成通货膨胀而使自己贬值。16世纪的西班牙因为获得美洲殖民地的贵重金属而迅速暴富，但是财富来得太容易，忙于奢侈消费，反而遏制了本国的工业发展。与之相对比的荷兰早先是非常贫困的，因此被西班牙贵族蔑视地称为海上乞丐，但是因为努力发展工商业，只用了不到50年的时间，就迅速地富裕起来，把西班牙远远地抛离。

数字信号与模拟信号是辩证的。数字信号是对模拟信号进行采样量化即A/D转换而成，这其中丢失了大量的成分。但是一旦数字化以后，数字信号在传输过程中可以通过整形纠正传输损耗造成的信号偏离，所以能做到百分之百的无失真传输。也就是说，模拟信号作为原始信号比数字信号精确，但是经过传输以后，数字信号会比模拟信号更精确。

目的与工具是辩证的。美好的目的，转而作为工具时就是中性的了。平台是好的，是在把共享作为目的的时候；而当共享成为牟利的工具的时候，平台就不可能保持初衷了。善良是好的，但是当其被作为工具使用时，比如被用来逼捐，善良就失去了道德的制高点。

宏观与微观是辩证的。宏观大于微观，这是对自然界的单纯的机械的解读。宇宙学告诉我们宇宙是从一个点经过大爆炸后而产生的，请问这个点是宏观还是微观？如果宇宙是由一种基本粒子构成的，了解这个基本粒子就能把握整个宇宙的根本规律，那么这个粒子是宏观还是微观？面对一个宏大的宇宙，观察者只感到自己的渺小，他穷尽一生的智力也只能了解宇宙中一个微不足道的角落，这个角落的意义是宏观的还是微观的呢？

辩证是一种关系。关系是辩证的，任何关系如果用辩证的眼光来看就是辩证的。万物相通，就是万物之间都有关系。这万物之关系的根本规律，不是质能转换定律，而是辩证。即使是质能转换，也是一种有和无、实和虚之间的辩证。只要掌握了辩证的规律，只要善于运用辩证的方法，就能够从一滴水出发去研究深邃的宇宙，也可以从常识出发探寻虚无缥缈的神秘世界。

辩证是人看世界的方法。辩证的概念和相关的表述，是因为人的需要而存在的。没有人的存在，辩证不成立；因为人的存在，辩证可能转化。对于人来说，辩证的关键是人。点石成金、变废为宝的关键是人，勃兴忽亡、功败垂成的关键也是人。

辩证法是事物、空间、时间之间的关系和它们之间关系的关系加诸我们头脑中的思想映象，它和这些关系加诸我们头脑中的其他思想映象，即其他方法论之间的关系也是辩证的。通过辩证建立的思想映象，能够在不断的曲折的发展中自我完善，从而展现勃勃的生机。如恩格斯在《路德维希•费尔巴哈和德国古典哲学的终结》所言："世界不是一成不变的事物的集合体，而是过程的集合体，其中各个似乎稳定的事物以及它们在我们头脑中的思想映象即概念，都处在生成和灭亡的不断变化中，在这种变化中，前进的发展，不管一切表面的偶然性，也不管一切暂时的倒退，终究会给自己开辟出道路。”

34. 有限成立

要说清楚一个事物，需要把其内部的辩证关系和外部的辩证关系都说清楚了，才是真的说清楚。用有限的词汇，我们是不可能100%地做到这点的。鉴于任何话语，不管多么精辟，又或者多么冗长，都只说出了一部分，也只能说出一部分，所以我们任何表述的内容都是在有限的条件下才是成立的，也就是说：任何表述的成立都是有前提的。这前提包括与这表述相关的一切，包括并绝不仅包括时间地点、周围环境、前后内容、语调表情等等。

任何理论表述都是有成立的前提的。加法成立的前提是：单位要一样，度量衡要一样，要在一个空间里，还要同时称量。一些流行甚久甚广的说法，则提供了很好的反例。古代有一位著名的长寿老人彭祖，史料记载他活了880岁，数量很明确，“880”，单位也很明确，“岁”，确实是神话般的年龄。不过且慢，有人考证，在彭祖生活的那个上古年代，是按一种“小花甲”的方法来纪年，也就是60天是一岁。这样一换算，彭祖大概活了140岁，仍然是一个当之无愧的超级超级老寿星，但是确实没有开启神话模式。

所以，任何理论表述都是有成立的前提的，但理论家们一般不会告诉你这点。也许他认为愿意驻足于他面前听理论，然后往心里信的你肯定不普通，你理所当然地应该知道这点。不过，虽然地球上的理论家如此之多，拥挤到鸡犬相闻的程度，但是普通人毕竟更多。对于普通人来说，和理论家共处于这个狭小的地球上，难免不为理论家的或高深的或质朴的或亲切的或冷峻的理论和理论表述而驻足，所以知道这点、提醒自己这点、用这点和其他一些哲学思维方法装备一下自己，对于做一个称职的听众，是非常必要的。如果觉得哲学思维土了，那可以用更时髦的数理思维装备一下自己，回味一下学过的数学和物理，想一想为什么很多答案都叫作理论值？而且答案越是美妙，越是要加上一句“理论上成立”。

“正确”二字，作为一种结论性的表述时，也是有成立的前提的。厨师切肉要横着切，因为这样肉容易烧熟；生物学家切肉要纵着切，因为这样可以观察肌肉纤维。谁更正确？谁都正确，目的不同而已，这目的就是“正确”是否成立的前提。“不审时则宽严皆误，后来治蜀要深思”，这里“时”就是是否正确的前提。财主家里杂物太多放不下，师爷甲建议“把房子拆了重新建”，财主说“甲你真好，请到别处高就”，师爷乙建议“我帮你收拾一下，摆整齐了就有空间了”，财主说“乙你真好，我高薪请你”。在财主看来，甲是居心不良要拆房，乙是实实在在会干事，其实换个前提条件想一下，也许甲的建议才是真正彻底解决问题的正确办法。

理论上说，任何科学理论都可能是正确的，甚至就是正确的，关键是找到使其正确的前提条件。问题是，理论者本人能做到这点吗？能做到这点的人觉得值得吗？以及这前提条件中的时间范围会不会超过人类的历史纪年？

一切的科学研究，是不断地对原来的科学的文字表述进行纠正的过程。因为任何既有的文字表述都有其适用的空间，当人类进入新的空间，包括思维的空间的时候，既有的文字表述就不适用了。经典的物理理论不能描述量子的运动，与其说是研究深度有限，不如说是其文字表述只适用于经典的物理空间。比如说太阳光，在肉眼直接观察的空间里它是白色的，在棱镜弯曲的空间里它是七色的，在波的空间里它是一段连续的光谱，在粒子的空间里它是一群运动的光子。这些表述都是科学的，都是对的，只要在其适用的空间里。所以，任何一种科学表述，不在于其结论是否正确，而在于其能不能阐释出其适用的空间。不能阐释其适用空间的科学，最多只是一种科学假设；认为在任何空间都适用的科学，只能说以科学的名义在吹牛。

不说出自己的边界的理论，不是完整的理论；不知道理论的边界，就没有学到理论的精髓。古人云："不识庐山真面目，只缘身在此山中。"同理，没有出过庐山，就不会知道庐山到底有多大。古人又云："知之为知之，不知为不知，是知也。"同理，知道自己不知道什么，才是真正的知道。知道得越多，知道自己不知道的越多。真正的知道，不仅仅是能解已知之惑，更重要的是知道如何对待自己的无知，解无法解之惑。

每一段文字，都有其适用的语境；每一个数学公式，都有其适用的范围。在纸上谈兵的空间里，兵遇上秀才，有理也是讲不清的，因为在这个空间里，讲道理的肯定讲不过背道理的。同理，骗人最好的方法，就是热情地邀请他来一趟说走就走的愉快旅程，来到一个他所坚持的逻辑不适用的地方，然后鼓励他用良心、为将来，最关键要以他坚持的逻辑勇敢地做出决定。

没有自我批评的学问不是好的学问。完整的自我批评包括三部分：从天国回到人间的自我放逐，逻辑上的自我否定，以及实践中的自我批判。没有自我放逐的历程，没有自我否定和自我批判的勇气，不是完整的学问。甚至，每一门学问的终极目标，就应该是教会人们“否定”它、超越它。

35. 过犹不及、物极必反

凡事皆有度，一旦过度就会走向蜕化、堕入消极，即过犹不及，就会滑向反面、遭致失败，即物极必反。

学校教育的目的是传道解惑、教书育人，但是过度的教育反而扼杀了学生学习的兴趣和天性的发挥。谦虚是一种值得推崇的美德，但是过度地推崇就会变异为偶像般的崇拜，导致虚假伪装的谦虚。钻研某个专业当然是好事，但是过度集中于某个专业领域进行钻研，钻进牛角尖的风险也迅速增大。食物少的时候人们为获得营养而寻找食物，食物多的时候人们改为追逐味道，反而出现不均衡型的营养不良。这些都是达到了却不知止，满足了仍不知足，最后连原有的也失去了的过犹不及的例子。

一场友谊的足球比赛，给胜者许以100元奖金能使赛场洋溢活力，许以1000元奖金能使赛场紧张激烈，许以10,000元奖金则会诱使球员们开始不择手段，如果给败者要苛以10,000元罚金则会使败者翻脸不认账。一个地方的经济发展，短期的爆发式增长带来的模式依赖往往是长期发展的制约。大数据时代，你能够接触越来越多的数据和数据分析报告，你被数据裹挟从而忽视事物的本质的可能性也随之增加。项羽的一次次的天才般的战术胜利，使其忽视了被迂回包围的危险，最终陷入了战略困境，在垓下一战而败亡。没有跑车不是灾难，用破车要跑出跑车的速度才是灾难。人类有了思想，从此变得高贵；人类开始追求高贵，从此变得自恋、自傲、自负和自私。这些都是物极必反的例子。

有两个中文词语确实很有意思，一个是“过错”，即过度了就是错了，一个是“错过”，即经过了没有停就是错了。过错、错过，其中还有一丝无奈的滋味，因为大家都不想“错”，但是无奈的是，

“过”还是在不知不觉中发生了。如同在莫比乌斯环上行走，悄无声息中已经走到反面，人们却还陶醉在此间静好的安逸中，失去了挽救趋势的机会。

要避免物极必反、过犹不及的后果，就必须做到自我节制、适可而止。这一点上，《宝王三昧论》中指出的“十不求行”给我们以很好的启示：其一，念身不求无病，身无病则贪欲易生；其二，处世不求无难，世无难则骄奢必起；其三，究心不求无障，心无障则所学躐等；其四，立行不求无魔，行无魔则誓不坚；其五，谋事不求易成，事易成则志存轻慢；其六，交情不求益吾，交益吾则亏损道义；其七，于人不求顺适，人顺适则心必自矜；其八，施德不求望报，德望报则意有所图；其九，见利不求争分，利争分则此心妄动；其十，被抑不求申明，抑申明则怨恨滋生。

36. 反之亦然、相反相成

不过既然“过犹不及、物极必反”是一种表述，就必然有其成立的有限范围，在其成立的有限范围之外则是“反之亦然、相反相成”。

成也萧何、败也萧何的感叹，“塞翁失马”故事中一次次的悲喜两重天的转折，失败是成功之母、成功是失败之始，这些都是反之亦然的例子。《书剑恩仇录》中乾隆送给陈家洛一块宝玉，上面刻了“慧极则伤，情深不寿，强极则辱，谦谦君子，温润如玉”，表达的大约是过犹不及、物极必反的意思，但是细细想来，却是反之亦然，如《诗经•大雅》所言“既明且哲，以保其身”，以及《周易》所言“天行健，君子以自强不息”。

《孟子•公孙丑下》指出“得道者多助，失道者寡助”，《韩非子•安危第二十五》指出“存亡在虚实，不在于众寡”，这两种说法都很有道理，之间是一种反之亦然的关系，如果把两种说法结合起来融会贯通，可以达到相反相成的效果。大凡一等智慧的完美逻辑都是相反相成的产物，用辩证的眼光端详一下，必然是自相矛盾的。君不见一些精彩的文章，这篇如果论证了“为什么基于某某的商业模式必然失败”，就必然有那篇推理出“为什么基于某某的商业模式必然成功”，这篇如果名字叫《骄傲使他伟大》，就必然有那篇《骄傲毁灭了他》。这些文章的最精彩之处就在于彼此看来逻辑漏洞百出、结论一无是处，但是彼此都确有开蒙启智之奇效。

又比如下面这些反之亦然、相反相成的俗话：俗话说“清水出芙蓉”，可俗话又说“水至清则无鱼”；俗话说“男子汉大丈夫，宁折不屈”，可俗话又说“男子汉大丈夫，能屈能伸”；俗话说“亡羊补牢，未为迟也”，可俗话又说“亡羊补牢，为时已晚”；俗话说“兔子不吃窝边草”，可俗话又说“近水楼台先得月”；俗话说“退一步海阔天空”，可俗话又说“狭路相逢勇者胜”。

归纳这些相反相成的俗话，我们可以这样总结，就是：每一条精辟的哲理，都应该加上一句“反之亦然”。这就是关于哲理的常识。“世界上本没有路，走的人多了，就有了路”，反之亦然，“世界上本来都是路，走的人多了，反而没有了路”。

反之亦然其实是一个兜圈子的逻辑。比如，某人赚了很多钱，这是好事，说明其有赚钱的本领，未来还会赚更多的钱；不过，反之亦然，如果其一辈子赚的钱是个恒定的总数，他过去赚的越多，则未来赚的将越少。又比如，今天过得很快乐，这辈子多了快乐的一天；反之亦然，今天过得很快乐，这辈子少了快乐的一天。这些说法就是在兜圈子。不过如果兜了几圈能走出来，能自己走出来，这悟性的境界就不一样了，就有了些相反相成的智慧。古希腊时代，马其顿的亚历山大每听到父亲腓力二世征服了一个城市，既高兴，又闷闷不乐，高兴可以理解，闷闷不乐是因为留给自己征服的对象又少了一个，不过其不愧是亚里士多德的弟子，很快就从这自相矛盾的心理中走了出来，把眼光投向了达达尼尔海峡对面的庞然大物——波斯帝国。

37. 辩证的进化和进化的辩证

进化就是辩证着的前进和变化。否定之否定是辩证的进化的具体路径，进化的结果是否定之否定，进化的过程也是否定之否定。要认识进化，就需要认识辩证；认识了辩证，就认识了进化。要认识辩证，就要建立一些关于辩证的常识，比如“一切都是辩证的”“有限成立”“过犹不及、物极必反”“反之亦然、相反相成”这四条。

认识了辩证，就认识了大自然的进化。大自然原始的本质是简单的，大自然今天复杂的现象是辩证的进化的产物。这复杂现象背后的规律也是从简单经过辩证派生而来的。那些关于规律的科学理论和公式之所以纷繁复杂，是因为人们不断地努力尝试，试图用一次性的平面的语言把这时间上绵延百亿年的辩证的过程表述出来。

即使是自主的有意识的进化，也是充满了辩证的过程。我们可以说：我这有意识的进化是我自己主观能动性的发挥；我看准一个方向进行计划，以坚定的决心和恒心加以实施；我遵循的是“道理想法”，即回顾走过的道路、梳理其中的条理、总结成系统的思想、提炼出为达到进化目标应采取的方法，我并没有采取什么辩证。话虽如此，其实在这道、理、想、法之间，从道至理、从理至想、从想至法，都不是线性一贯的，而是充满了曲折，是一个波浪式前进、螺旋式上升的过程，也就是辩证的过程。没有意识到这点，或者讳言这点，就会被辩证所惩罚，有意识的进化会变成为形势所迫的被动的适应。

辩证是常识，它的基本原理是简单的。一次性的辩证是可以速成的，不过一次速成所掌握的辩证不是正确的。因为辩证本身也是在进化的，仅仅选择一个合适的时间窗口来观察周而复始的否定之否定，就是一个长期的进化的辩证过程。辩证法的问题分析法和系统分析法，同样适用于辩证法本身。用问题分析法对辩证自身提出问题，把被之前的辩证所否定的一切，都作为今后的否定之否定的垫脚石；以及用系统分析法，把这些被否定的一切，乃至辩证本身都纳入一个普遍联系的系统中进行分析，这就是辩证自身的进化。

辩证是没有终点的过程，不断进化着的辩证才是辩证。

情

广陵月影狐弦琴，
枝枝叶叶思听聆。
此情只许天上有，
世间往却梦里寻。

第三篇　进化：无处不在的计算

自从产生了意识，世界就开始了进化；自从发明了计算机，进化就开始了计算机化。

第十章　数字化人类

38. 二进制的人

人发明了计算机，而且把计算机制造得越来越像人，人也因此成了一种最像计算机的生物。人的大脑是CPU和存储器，神经是信号线，感官是输入设备，肌肉是输出设备。

生物学曾经把大脑归为神经系统的一部分，现在看来这种认识大大低估了大脑存在的意义。由于神经细胞在大脑部位的高度集中，大脑已经从组织结构上完成了从量变到质变的转化。虽然它仍然是由神经细胞组成的，但是整体上已经形成了全新的属性，而不能再把其归为神经系统了。这个道理，就好比所有的生物都是以碳氢氧为主，加上些其他化学元素组成的，但是当这些化学元素高度集中到一个生物体上，这个生物体从整体上就形成了全新的不能归于化学的属性，即生物学属性了。

人的大脑的这种全新的属性到底是什么？目前还没有一个明确的表述，不过肯定和意识相关。也许，神经细胞是房子，意识则是一个挑剔的客人，只在有足够多房子的大城市中居住。或者，神经细胞是内存，意识则是一个庞大的软件，只有内存足够大，大到越过一个最低门槛，这个软件才有可能运转起来，而目前大自然所有的生物中，只有人的大脑的容量越过了这个门槛。

假设人就是一台计算机，一个有趣的问题就产生了，那就是：这台机器使用什么语言？是和电脑一样的数字代码吗？显然不是，人是用语言思考的，开始这些语言只是一些说和听的音节，后来发明了文字和数字，语言变得可视化了。文字和数字组成了人的语言，但是人主要是用文字思考的，或者说，人脑的执行代码是文字而不是数字。人是文字计算机，电脑是数字计算机，这是人和电脑的根本不同。

文字的出现，把人脑从大自然给予的混沌状态变成了一台高速运转的计算机，人的进化轨迹从此与大自然分道扬镳。因为这台计算机使用的是文字语言，所以它在处理数字的时候是极为费力的。为了解决这个先天的缺陷，人们借用大自然的材料制造出各种工具来帮助自己进行数字计算，先是结绳，然后是算盘，最后是电子计算器和电脑。

人在用文字训练自己的思维时，思维方式逐渐固化成二义形的，“好或者坏”“有或者无”“去或者不去”“吃还是不吃”。究其原因，可能是因为人天生是两只手，左右掂量、左右选择是一种最轻松的思考方式。你可以做一个测试，用2-2-2-2-2的模型记住32种选择，比用3-3-3的模型记住27个选择要轻松。很可能源于人的这种二义形的思维方式，所以人们在发明计算机的时候采用了二进制。这一点看来是桎梏了计算机以及人的发展。如果当年人选择三进制，人类会因此不同很多。

人使用文字语言，大自然使用数字语言；人不善于计算数字，所以人发明了计算机；计算机使用数字语言，所以人可以通过计算机了解大自然；人不断赋予计算机更多的理解文字的能力，以使人和计算机之间交流更加容易……这样发展的结果就是，电脑正在跨越人和大自然之间的鸿沟，既理解数字语言，又理解文字语言，既能够模拟大自然的运行，也能够模拟人脑的计算。而随着非二进制的计算机的出现，计算机还将突破二进制的藩篱，克服人的二义形的思维局限，从而实现超越人的思维方式。

39. 软件定义一切

人脑就是计算机，计算机中运行的是用文字写成的软件，思考就是软件程序在人脑中的运行……从这个角度看去，很多关于思维方式的问题的答案就有了些眉目。所谓想问题就是调程序，程序调通了，问题就想通了。所谓教育，就是给人脑安装可执行的程序，也就是方法，或者给人脑输入交由程序处理的数据，也就是知识。所谓讲理就是要把自己的程序在对方的大脑里跑起来，秀才说不过兵，或者兵说不过秀才，是因为两者的操作系统不一样，程序不兼容。

为什么错误的思维也能流行？因为程序是没有错误、正确之分，只有能执行、不能执行之分。我们可以在程序中定义1=2，程序也可以执行很长一段时间，直到在某个未来的节点崩溃。所以，错误的思维也能流行，只是在未来某个时候会崩溃。

思维方式其实就是程序运行的方式。最简单的运行方式是依次执行，也就是线性方式。但是程序是可以跳转的，有些是有条件跳转，有些是无条件跳转，所以，思维也是可以跳转的。

有一种程序的跳转叫作函数调用。计算机定义一个函数名，当程序执行到这个函数名的时候，就调用这个函数名对应的子程序进行计算。在人脑的程序里，这函数名又叫作专用词汇，当出现这些专用词汇的时候，人脑就会调用之前被植入的这个词汇对应的子程序。好比电脑的中断号是有限的，互联网上的好域名是有限的，人的词汇和词汇能组成的专业词汇也是有限的，所以，争夺词汇和专用词汇，也就是给某个词汇下定义就是很重要的事情了。无数的争夺，其实就是争夺一个词汇的定义权。争夺的结果，就是一个词汇可能有很多个定义，相对应有很多个可调用的子程序，最后就比谁更能够成功地切入人的思维主程序了。广告就是一种切入的方法，它让人产生错觉，当在商场挑选产品的时候，大脑调用的不是产品的说明书和价格，而是广告植入的病毒程序。

数据是软件处理的对象，软件就是处理数据的算法。“学而不思则罔，思而不学则殆”，指的就是有数据没有算法则罔，有算法没有数据则殆。数据和软件，二者似乎不能混淆，但是事实并非如此。冯•诺依曼于1946年提出的存储程序原理，就是把程序本身当作数据来对待，程序和该程序处理的数据用同样的方式储存，计算机按照程序顺序执行。软件也是一段数据，数据如果是可执行的，那就是软件。学到的也可以是思考的方法，思考的方法本身就是一种知识。

计算机处理的是信息，信息是本质，物质只是作为信息的载体而存在。人的感官感知到物质，但是大脑只是收到信息，程序只处理纯粹的信息，完全屏蔽了物质的存在。甚至，程序从来不能证明物质到底是什么样的存在，是一种实体，还是一种力、一种关系。而且不断进展的物理研究似乎都在告诉我们，物质世界是空的……我们看到的磐石，其实是粒子组成，粒子只占很小的体积，粒子之间是空的，甚至粒子内部也基本上是空的。宇宙也是这样，星星的体积与空间比起来可以忽略不计。这样看来，可能信息的载体并不是我们认为的什么实体，而是关系。

如果我们所观察的外部世界的本质是关系而不是实体，我们观察外部世界就好比读取外部硬盘上的数据而不是要刮下这个硬盘上的磁粉，那很多约束实体的规律在程序空间就不成为约束了。比如，如果宇宙的大爆炸形成的光速顺序带，是常规的程序运行轨迹，相对应的约束规律就是任何运动速度都不能超过光速；但是，如果宇宙是一个存储了海量数据的硬盘，那就可能存在一个跳转的指针，可以在一刹那间跳过几十亿年的存储扇区读取数据，如同硬盘的传输速度虽然只有40 M字节/秒，但是寻址速度可以超过1000 G字节/秒一样。如果给这个指针借用一个物理词语，我觉得“虫洞”就挺好。

40. 信号与系统

从信号系统的角度看，一切都是信号系统。经营、管理是典型的信号系统的运作，即获得或者说输入外部市场的、内部管理的信号，转化为数据进行处理，再把数据转化为输出信号去控制机器和组织的行为。从输入信号到输出信号之间的过程，是信号处理；从输出信号到行为之间的过程，是信号控制。完成信号处理和信号控制功能的集合，就是信号系统，简称系统。

先知而后行，“知”就是输入信号进行处理，“行”就是输出信号进行控制，古今都是这样。几千年来，每个人的输入、输出信号的方式也没有什么变化，无非就是听说、读写、看脸色使眼色，以及使用一些手势，或者操纵杆、方向盘、鼠标、键盘、触摸屏这些手势的变种。真正发生翻天覆地变化的是信号处理和信号控制的方式，也就是系统的构成方式。

最直接有效的信号系统就是信号放大系统，它把输入信号放大，以控制更大的系统。蒙古的军制就是这样一个简洁清晰的系统。成吉思汗属下有12个万夫长，每个万夫长带领10个千夫长，每个千夫长带领10个百夫长，每个百夫长带领10个十夫长。成吉思汗通过打破旧的部落系统构造新的级数放大的系统，实现了大汗的一条命令能够有效地控制12万骑兵。

我们很容易会以为蝴蝶效应就是利用这样一个信号放大系统制造的。南美蝴蝶扇动翅膀的信号经过放大变成了北美大陆上的龙卷风。所以，蝴蝶是主角，系统是配角。不过，这个推理很可能是错误的。因为还有这样一种信号系统，它只是在开始时需要一个输入信号作为启动，具体是什么输入信号并不重要，甚至很多时候这个输入信号只是一个噪声干扰。这样的信号系统启动以后，就进入自我循环，最后的输出信号是由系统决定的，而跟输入信号没有什么关系。也就是说，没有那只蝴蝶扇动翅膀，而是一条小鱼从水中跃起，甚至一只山羊踢落一块石头，都会在北美大陆产生同样的龙卷风。作为原因的蝴蝶其实是路人，作为过程的系统才是主角，为系统提供能量的加勒比海上空的烈日是赞助人。至于编剧兼导演，最可能的是那个待在菜园里看高等数学的吉米多维奇，他故意忙着学习，没有去抓青虫，放任其中一只长成为日后名扬世界的南美蝴蝶。

世界是普遍联系的，整个世界就是一个大系统。没有孤立的系统，我们所定义的每一个系统都只是更大系统的一部分。把每一个我们分析的系统放到更大的系统中分析，我们会发现，意料中的原因未必是原因，意料中的结果未必是结果，意外出现的未必是意外，偶然出现的未必是偶然。

为什么生死相许的诺言往往不能天长地久？意料中的原因是虚情假意。不过，这未必是原因。信号系统理论告诉我们，对于一个没有外界能量供给的系统，其输出的信号峰值越高，往往衰减越快，因为能量等于信号峰值和持续时间的乘积。

泥牛入海，自然是化了。什么都没有了，这是意料中的结果。但是，信号系统理论告诉我们，信号值为零不等于没有，零本身就是一个信号。所以，放在某些系统中，无字也是书，无言就是言。

为什么有些很普通的事情会产生意料不到的传播效果？这是意外吗？信号系统理论告诉我们，这不是意外，而是共振而产生的共鸣。南美蝴蝶引起北美龙卷风的故事为什么流转如此之广？不仅是故事离奇，还因为人们普遍已经知道有南美和北美，对南美的亚马孙雨林和北美的龙卷风已经有了先验的知识，这就是发生信号共振的基础。假设这个故事里讲的是喀尔巴阡山的蝴蝶、鄂毕河上的龙卷风，可能故事就不会传播这么广了。

为什么口口相传的民谣中往往有精辟的道理？这是偶然吗？信号系统理论告诉我们，这不是偶然。人和人创造的历史本身就是一个系统，通过这个系统的过滤，起到了去伪存真的作用，往往比学者特意的挖掘提炼更加有效。

用信号与系统的眼光，我们还可以发现任何两个事物x、y间的关联，也就是找到一个函数f描述的系统，这个函数实现了f（x）=y。即使x=《大闹天宫》，y=《诸神的黄昏》，用信号系统武装起来的我们也一定能找到其中的必然关联。

41. 量子的意识

科普的成功，使我们知道了很多关于量子的有趣的特性，其中最著名的是量子状态的不确定性，或者说不可测性，薛定谔的猫的故事就是关于这点的。确实匪夷所思，让人难以理解，但是跟人不可捉摸的主观世界非常相似，而且越细细想来越相似。

第一个相似点：观察使其确定。量子的状态虽然不确定，但是当我们观察它的时候，却能看到其处于某个确定的状态，也就是我们的观察使其状态从不确定变为确定。人的主观世界不也是如此吗？人并不知道下一秒钟自己会是什么表情，但是当他发现自己处在被人观察的位置，他当即会决定表露什么表情。

第二个相似点：在意会影响随机性的成立。你认为某个随机事件和之前发生的事件有没有相关性？既然是随机，那似乎应该就是不相关的。但是事实却是，当你关注到这点时它们就是相关的，只有当你不在意这点时它们才是不相关的。

第三个相似点：信则为真。观察量子的时候，如果你不确定观察结果，比如以为中间隔了层毛玻璃造成了畸变，从而反复观察，那你将永远无法观察到确定的量子状态。人并不知道自己会想什么，但是一旦说出来，他听到自己所说的，就会真的认为自己是这么想的。“人观察到，信了，其就是真的”，这句话到底是说量子还是人呢？诸如“人之初，性本善”和“人之初，性本恶”的争论，和争论薛定谔的猫到底是死是活一样费解。

既然有这么多相似点，我们已经可以合理地以为，人的意识可能就是量子的。或者说，对于那些声称意识不是量子的说法，我们有理由要其提供充分的证据。更进一步，我们还可以合理地猜想，如果世界是量子的，世界可能就是有意识的。人和自然面对面的观察，可能就是量子之间互相辩证的作用，模糊随机的人和他的感官确知的自然之间的作用，以及自以为是的人和他觉得的深不可测的自然之间的作用。

42. 脑的物理容量

人脑的局限性是非常明显的，因为其物理容量是非常有限的。什么机器是好机器？就是人用自己的力量能轻松地操纵的机器。什么理论是好理论？就是人用自己的脑容量能自如地运转的理论。为什么公司大了要调整结构？最重要的原因是核心管理人员的脑容量有限，无法驾驭这么大的组织，所以必须重新分工。这就是管理学领域的百人法则，即总部不能超过100名职员。

目前我们还无法定量地分析脑容量，不过参考电脑可以尝试着进行一些定性的分析。

电脑的存储结构主要有两大流派，冯•诺依曼结构和哈佛结构。冯•诺依曼结构的程序存储区和数据存储区是共用存储器的，哈佛结构的程序存储区和数据存储区是用的不同的存储器。从人们把动词和名词如此清晰地区分来看，人脑似乎是哈佛结构的；但是从人脑如此容易短路来看，人脑似乎更应该是冯•诺依曼结构的；又鉴于人是如此灵活地变化概念，人脑至少是以冯•诺依曼结构为主的。所以，下面我们就主要参考冯•诺依曼结构的电脑，也就是PC来分析一下人脑的性能缺陷。

PC的存储区有几块，分别是BIOS（基本输入输出系统）、操作系统、应用程序，分别是不可修改的、可升级的以及可修改的。哺乳动物的大脑表面上看与人的大脑是相同的，只有量的区别，但是为什么就无法进化出智能呢？道理很简单，就是CPU不够快，存储器太小，只有BIOS，无法安装操作系统，更无法安装多姿多彩的应用程序，当然谈不上升级进化了。

李自成进京后军队为什么迅速地腐化溃散？因为他们进京后接触到完全不同的城市社会，给大脑造成的冲击，就好像把字符型界面的PE急匆匆地换成了图形界面的WORD，但是操作系统还是DOS没有升级，与应用软件的图形界面不匹配，然后造成了电脑的死机。

儿童启蒙，就是安装BIOS系统；学校教育，就是安装操作系统；职业培训，就是安装应用软件。中小学教育，安装的是单任务操作系统，一次只能执行一个应用程序；大学教育，安装的是多任务操作系统，一次能并发执行多个应用程序，最关键的是中了病毒能自我中断。

人脑存储的程序和数据，不是直接在存储器中运行的，而是要被传输给CPU进行运行，真正决定脑力的是CPU。CPU能够同时并发处理的信息是非常少的，或者说一个人能够活学活用的知识是非常少的。十八般武艺，主要是用来锻炼人的身体灵活性和反应，真正上阵厮杀时用的不过三招两式。正是因为CPU的这个无奈的局限性，所以，简单才能高效，如奥卡姆剃刀原理指出的“由于个体受自身思维方式的限制，简单的信息远比复杂的信息更有利于人们的思考与决策”。

梁漱溟1928年在广州中山大学的讲演中，提出了“做学问的八层境界”，包括：

第一层：因为肯用心思所以有主见；

第二层：有主见乃感觉出旁人意见与我两样；

第三层：此后看书听话乃能得益；

第四层：学然后知不足；

第五层：由浅入深便能以简御繁；

第六层：是真学问使有受用；

第七层：旁人得失长短一望而知；

第八层：自己说出话来精巧透辟。

王国维在《人间词话》中提出了“读书三境界”：

第一境界：昨夜西风凋碧树，独上高楼，望尽天涯路；

第二境界：衣带渐宽终不悔，为伊消得人憔悴；

第三境界：众里寻他千百度，蓦然回首，那人却在灯火阑珊处。

两相比较，梁漱溟的“做学问的八层境界”比王国维的“读书三境界”阐述更清楚，逻辑更严密，但是后者比前者流传广泛得多。为什么？主要原因无非两点：一是八层太复杂，大家难记住，于是就故作不采纳状；二是梁漱溟的名字不好记，好多人读不出写不来。其实就是人们大脑容量不足的客观原因。假设梁先生取个笔名叫梁庶民或者梁十，再把八层境界简化为“形成主见、知道不足、以简御繁、精辟通透”四层境界，估计就会广为流传，不比“读书三境界”的影响逊色了。

“一张图胜似千言万语”，这句话是站在眼睛的立场说的。站在大脑的立场，千万张图也比不上三言两语。

43. 数据思维

数据是指挥棒。把一切组织、关系和人数据化，是不二的管理窍门。实用主义的滥觞更告诉我们，数据是最适合“操纵”的指挥棒。标准很重要吗？当然很重要！不过标准是什么？是60分还是100分？中间可是有40分的操纵空间！大数据要否定这种初级的操纵方式，而在更高级的层面打开操纵之门。

数据思维是人们从来就有的，古语“心中有数”说明古人早就知道这点。互联网的数据思维出现不过30来年，特点是运用网络实现数据的快速传输、分布计算、跨域整合。大数据时代的数据思维或者说大数据思维，则追求突破实用主义的束缚，用数据的眼光、超越数据的层面找寻新的观察角度和思维线索，重新思考那些过去已经被反复思考过的经典乃至已经成为文物的问题。

比如下面这个魏文侯问扁鹊的故事：

魏文侯问扁鹊："你们三兄弟中谁的医术最好？"扁鹊回答说："长兄医术最好，中兄次之，我最差。"文侯说："那为什么你最出名呢？"扁鹊说："长兄治病，是治于病情未发作之前，由于一般人不知道他事先能铲除病因，所以他的名气无法传出去。中兄治病，是治于病情初起之时，一般人以为他只能治轻微的小病，所以他的名气只及于乡里。而我是治于病情严重之时，在经脉上穿针来放血，在皮肤上敷药，把严重的病治好或者缓解，所以人们都以为我的医术最高明，名气因此响遍天下。"文侯大悟。

故事的结尾，魏文侯认可了扁鹊的解释，心中对扁鹊的长兄非常推崇。但是在实际生活中，扁鹊的长兄依然会默默无名，因为根据人们古有的数据思维，长兄没有数据来证明他的医术高明。那些因为长兄的治疗而没有发生的大病无法给他提供佐证的数据，是没有发生的事实，是无言的证人。这个问题，以直接的互联网的数据思维，力求数据之快、数据之多，也难以解答。但是换一个角度思考，如果我们能够通过收集大量的数据，并通过可信的数据分析方法排除干扰和误差，从而确凿地发现扁鹊的长兄看过的病人得大病的概率和其他人之间的明显差异，就能够证明他是治未病的名医了。让没有发生的事实为人看见，让无言的证人说出真相，这就是在这个故事里，大数据思维能显现的价值。大数据能够证明扁鹊的长兄是名医，这是比用大数据治愈某个疾病更重要的作用。

当然，要真正做到这点，我们需要互联网的工具，需要大量的数据。不因互联网而产生，却因互联网而落地，这就是大数据思维。

44. 科学是什么

科学就是想象，当然科学也没有单纯到只有想象。首先，我们会解释我们世界的现象；然后对于无法解释的，就想象一种解释；最后找到想象的解释和已有的解释之间的关系，表述出来。比如，我们发现我们能在地面上自由行走，于是我们解释是因为地面上是“空”的；然后我们又发现鸟儿能在天上飞，于是我们想象有一种“气”把鸟儿托起来；然后我们找到两种解释之间的关系，用“空气”表述出来。

当然，有了数据思维，我们的科学逻辑能够更加严密。首先，我们会收集数据，进行归纳，那个能合并最多同类项的逻辑成为“规律”；然后，对于规律无法合并的同类项，我们想象一种特殊的“解释”，然后千方百计地用某种被称为实验的手段模拟出来；最后，设计一个函数，描述出“规律”和“解释”之间的相关性，确保科学逻辑的完整延续。

比如，我们把木头锯成不同形状的木块，把木块和木屑的重量加起来总是等于原来木头的重量，于是我们归纳出物质不灭、质量守恒的规律。但是把木头烧成灰烬以后，我们发现变轻了，于是我们想象有一些质量变成烟飘走了。然后我们会试着烧木炭、烧稻草，最后设计出一个燃烧函数，即“木头的质量=灰烬的质量+烟的质量”，于是一切都得以重新圆满了。虽然，这个函数是错误的，因为其中没有算入燃烧消耗的氧气和蒸发的水分的质量。不过，这无伤大雅，只要大家都知道反之亦然、相反相成的道理。其实，如果一开始我们就研究的是木头燃烧后灰烬质量变轻的现象，我们完全可能会得出物质不守恒，以及物质和烟相互转换的规律，一切也会圆满。只要善于想象，你肯定能从白云中看到奔马以及数不尽的绵羊，关键是如何把你的想象灌输给大家。

想象有没有限制？有，就是语言。宇宙为什么有限，因为我们的语言还无法让我们信服地解释一个无限的事物，最多就一句“循环往复，乃至无穷”，把无限的事物描述成某个有限事物的重复发生，其实还是有限的。我们所有的对宇宙的研究中，最关键的不是研究对象，而是我们自己。我们用眼睛观察，宇宙就是光，我们用耳朵听，宇宙就是声，我们用鼻子嗅，宇宙是气味，我们用皮肤接触，宇宙是压力和温度。那些无法转换为光、声、气味、压力和温度的宇宙不是我们能够知道的宇宙的存在，但事实上它们是存在的。现在，当我们用语言描述时，宇宙就是语言，那些无法用语言描述的宇宙不是人们普遍认为存在的宇宙。然而，当我们感到词汇匮乏，无法用语言描述某个事物时，作为一个具体的个人，我们内心知道，虽然无法表述，但它还是存在的。

想象那些无法用语言描述的宇宙，努力用语言描述出来，这就是科学研究。为此需要丰富我们的语言，创造一些词语，这就是科学家的任务。这也是科学家和工程师之间的不同之处。科学家在想象的阶段善于不用语言去想象，在描述的时候又善于创造语言去表达；工程师则在想象的阶段就要用准确的语言去描述，在描述的阶段则是用实物去说话。

计算机可能永远赶不上人类，因为它无法不用语言去想象：第一，其原理决定了必须依赖人设计的语言去思考；第二，如果它忽然有一天不依赖人设计的语言了，其就不是计算机而是人类制造的一种新物质了；第三，人类之所以关心计算机会不会赶上人类，就是因为担心计算机在使用人的语言方面超过人类，如果使用的不是人类的语言，计算机能不能赶上人类就不是什么重要问题了。

计算机不会颠覆人类的科学，因为其无法向人类证明其具有不用语言的想象力。颠覆人类科学的只有人类的想象。

科学从来没有单纯到只有科学，因为想象从来没有单纯到只为了科学。与科学伴生的，不一定有崇尚，但肯定有虚的假的装的反的画蛇添足的狐假虎威的热情歪曲的鸠占鹊巢的总之更加诱人的所谓科学。诚如多少人大声疾呼的：“科学啊，多少伪科学，假汝之名！”叶公好龙是普遍的人性，崇尚科学的人往往发现拥抱科学有点不容易，有点自惭形秽，不如敬而远之，不如去拥抱那些流行科学、粉丝科学、微信科学，附和那些假科学之名的魅惑。

第十一章　网络化重构

45. 关系的组织

商品社会的核心是贸易，而贸易最重要的不是物质的交换，而是关系的传递。贸易的三个阶段的演进中，第一阶段是必需品的贸易，第二阶段是非必需品的贸易，第三阶段是体验品的贸易。物质的交换作用越来越淡化，关系的传递作用越来越突出，直到物质交换只是为了关系传递而存在。

互联网使得关系传递彻底脱离了物质交换，变成了光纤、铜线、空中电磁波上的数据传输，从而摆脱了物质交换需要的道路、能源、工具、安全的限制，变得无孔不入、风驰电掣。甚至，“传递”这个词已经无法表达互联网上关系传递的速度、规模和效果了，“传染”“扩张”“爆发”这些词更加贴切。

商品社会，你可以不懂商品，但是要懂得围绕商品发生的财富的流动；网络化社会，你可以不懂网络，但是要懂得通过网络发生的关系的作用。数字地球、智慧城市的标志，不是宽带、不是网格、不是GIS，而是关系的数字化、智慧化。

关系的中心就是财富的中心。粮食在田地里生长，但是财富不在田地里，而在市场上；商品在工厂里生产，但是财富不在工厂里，而在交易所里。为什么？因为田地和工厂是产地，但不是关系的中心。城市发展铁路、公路、机场，是为了借货物的中转成为关系的中心；城市发展教育医疗、建设宜居环境，是为了借人群的聚集成为关系的中心；城市发展金融中心、吸纳总部经济，是为了借金钱的权杖成为关系的中心。不过，今天互联网造就的网络化的社会里，全新的不依托货物、人群、金钱的形形色色的关系中心正在形成。只要有网络和屏幕，关系就能依托数据作用于人，而且是同时作用于千千万万的人。

关系中心形式的变化，带来组织形式的变化。比如，今后还需要公司这种现代企业标配的组织形式吗？也许100人之内，在一个地方办公的公司还有存在的必要。不在一个地方办公的公司，反正大家不见面，100人之上的公司，反正大家见面也不熟，如果不是法律要求有公司这个法人来注册交税开展经营，还有必要存在吗？公司治理未必比抛弃公司外衣的数据化的网络治理更有效。而且，无中心就是最大的中心，网络将可能既是一个巨无霸，又是一个有活力的竞争体，碾压传统的公司组织。

不见面的网络带来的“陌生”感，屏蔽了很多人文细节的困扰，使得一些面向目标的组织设计变得可能。围绕目标，组织可以设计得更加复杂和精细，而且可以有更好的鲁棒性、兼容性、扩展性，从而可以像一个芯片，或者一套操作系统那样高速有效地运行。最重要的是，网络带来的跨地域的大规模海选机制，可以先设计组织，进行仿真优化，再根据设计充分选择合适的人。

46. 专业的区分

专业化是效率提升的关键，人们因此形成了互补协同的关系，也因此形成了人类社会这种与大自然如此不同的形态。不过，一切都是辩证的，专业化如此成功，很自然地，也逃脱不了物极必反的规律。很多问题的原因，就是过分强调专业分工而导致的舍本求末的倾向。

如果把世界上的知识比作一棵大树，基础的学科知识就是树干，专业的学科知识就是枝丫。树长大了自然要分出枝丫，枝丫长大，树木才茂盛，才能接触更多的阳光和空气。每个枝丫的末梢是最风光的，因此人们会自然而然地追求枝丫末梢的地位，也就是某种专业的极致。但是每个枝丫的末梢也是与树干和其他枝丫最远的。长此以往，会导致树干枯萎和枝丫疏远。结果就是，当专业、职业越来越伴随精致的格式化的语言盛行的时候，整个知识体系却出现了失衡和衰退的现象。

在产业领域，专业转换为行业的结果，也出现了很多过犹不及的现象。基于专业，以专业为载体，营造出形形色色的封闭的垄断的圈子，形成了与专业初衷，也与大众利益背道而驰的追求。比如，治病救人的制药领域，专业的初衷是少用药、用好药、用得起的好药，但是发展过度的结果，专业被引导向对奢侈品一般的价格、食物一般的用量的追求，伤害了大众利益。世界上本没有戏，演的人多了，就有了戏。有些专业到了极致，已经是精致的戏妆。邯郸学步的成语故事里，燕国的少年到邯郸学漂亮的走路姿势，结果爬着回去；猎人雕弓的希腊寓言里，青年猎人在祖传的良弓上刻上花纹、饰上金粉，结果一拉弓就断了。这邯郸的走路姿势、弓上的花纹雕刻，就好比过度的专业；那些给燕国少年和青年猎人以建议的人，就好比过度专业的专家。

奢侈品是一个典型的专业过度发展的例子。韦伯斯特辞典对奢侈品Luxury一词的解释是：something adding to pleasure or comfort but not absolutely necessary。这个解释有三层意思，一是品质要好，给人带来喜悦和舒适，二是这种喜悦和舒适不是必需的，三是价格一定要贵。满足人的心理需求，这是专业的初衷，但是专业过度发展的结果，是助长人的片面的心理需求，最后侵蚀自然，人们反受其害。

其实，某些过度发展的专业就是一种社会奢侈品。它的品质是好的，不是社会必需的，但是薪酬也就是社会付出的价格是贵的。网络化的到来，大数据的发展，创造了新的专业和新的专业划分，也为旧的专业的重构提供了一个机会、一个形势。是到了重新归纳、重新分类、重新构造专业的时候了。如同《我侬词》写的那样“把一块泥，捏一个你，塑一个我，将咱两个一起打破，用水调和，再捏一个你，再塑一个我”，网络既是打破的力，也是重新调和的水。

47. 被偶然改变

很多重大科学发现的起源，是科学家的思维在很多毫无关系的要素之间跳跃，忽然建立起了一种联系。这种联系因为用语言无法描述，只是简单的灵感，所以我们称之为直觉。庞加莱说："我们靠逻辑来证明，但要靠直觉来发明。"爱因斯坦在纪念普朗克60岁生日的演讲中说："物理学家的最高使命是得到那些普遍的基本定律，由此世界体系就能用单纯的演绎法建立起来。要通向这些定律，没有逻辑推理的途径，只有通过建立在经验的同感的理解之上的那种直觉。"

直觉往往是偶然产生的。科学家的直觉是长期冥思苦想中的某个偶然的产物，比如牛顿偶然被苹果砸中而想到万有引力。更多的直觉则是长期生活中某个偶然的产物，比如远古的人偶然用铜矿石架火炉而炼出了铜。

有两个简单的发明曾经极大地改变了世界，其影响程度不亚于万有引力和相对论的发现，它们就是马镫和干草。马镫的发明使骑兵能够手持武器稳当地坐在马上疾驰，游牧文明从此在近千年的历史长河中取得了压倒农耕文明的军事优势。干草的发明，使得人们在城市里可以养马养驴养骡子作为运输动力，不用早晚把它们赶到城外的牧场去吃草，这使得大型城市得以形成，也不用在冬天把它们从北方转移到遥远的南方牧场吃草，这使得北方的城市得以形成。

马镫和干草如此简单，显然不是一个长期研究的深思熟虑的产物，而是一个偶然产生的直觉。

一个偶然，一个简单的直觉，产生了这么大的影响，确实让人惊叹。不过，事实的逻辑并没有这么简单。偶然的直觉只是变化的开始，这变化开始如此之小，根本无足挂齿，不过幸运的是，这变化持续的时间足够长，日积月累，终于极大地改变了世界。

时间只是一个维度，是一个串起关系的链条。任何关系链条，只要足够长，就可能把小变化连接出大变化。比如一个仓库的铁窗坏了，被路过的甲偶然看到了，淳朴的甲无心地告诉了乙，乙却乘机去偷窃，然后丙发明了防盗系统，丁受丙委派安装防盗系统，丁把安装时发现的漏洞告诉了戊，戊开始利用这个漏洞制造偷窃的工具……一长串的事件连接起来，就形成了一个新的产业。

聚集的人群，容易形成关系长链条。有很多猿猴曾经从树上偶然到地面上活动，但是没有被其他猿猴看到而效仿，所以没有引发进化。直到某只猿猴下地的举动，被群里的其他猿猴看到，大家纷纷也尝试下到地面。这只猿猴看到大家都下到地面了，自己也就不用回到树上了，从此就停留在地面，直到进化为人类。同理，自从产生了城市，人类绝大多数的发明创造都产生在城市里。如今，在互联网上聚集了几十亿人，构造庞大的关系链条如此便捷，几十亿人的偶然的直觉汇聚在一起，积微速成，“一念之间，改变世界”将成为常态。

第十二章　人工智能

48. 宇宙的智能

人类用感官感知世界，如同以蠡测海，天生就是有局限性的。通过眼睛，我们看到了大漠黄沙、夕阳如血、潮起潮落、沧海桑田，但是没有看到人类以外的高级智能的存在。实际上真是这样吗？蝙蝠通过超声波，看到的只是一些活动的模糊的物体，根本看不清人，更不知道同一个空间里存在人的智能。人到目前为止看不见，不等于宇宙没有高级智能。

人是智能生物，这是确凿无疑的。在人的身体里共生有大量不属于人体的微生物，包括大约100万亿个细菌。这些细菌会感觉到人体的心跳和呼吸、肠道的蠕动、体温的高低、情绪带来的酸碱度的变化，所以它们知道外部是一个运动中的宏观物体，但是这些细菌不知道它们所寄居的是一个具有高度智能的人的身体。这个人知道细菌的存在，会为了健康而吃药调节体内细菌的数量，但是他也觉得这些细菌如此渺小，根本不可能有意识……如果把这段话中的“人”换成“宇宙”，把“细菌”换成“人”，同样表述是否会成立呢？

我们的一切认识都有历史的局限性，过去很多认识我们现在都意识到是不完整的。现在我们的这个认识“人是宇宙中唯一的智能生物，如果还有智能，也是某种人”，未来看起来也将是局限的。

我们通过发现过去认识的局限而发展出现在的认识。过去人们认为横的就是横的，竖的就是竖的，现在我们知道不是这样。空间是可以弯曲的，在某个弯曲的空间里，横的可能是竖的，竖的可能是横的，两者还可能同时是平行的。过去人们定义正交的坐标系是正交的，现在我们知道不管如何定义，我们总能找到一种变换，把正交的变成不正交的。过去我们认为金子和银子是两种元素，是不可能相互转换的，现在我们知道只要有足够的能量，我们是可以把金子转换为银子，把银子转换为金子的。

我们将来会发现现在认识的局限，从而发展出未来的认识。现在人们觉得时间和空间之间有本质的区别，在空间里可以来回移动，但是时间是单向流动无法倒转的。未来人们也许会发现所谓的时间实际上是我们自己体内的晶振在计数，而对于外部的空间，可能根本没有时间的概念。现在人们认为宇宙是由物质和能量组成的，即使暗物质、暗能量，也是我们还无法观察到的物质和能量。未来人们可能会完全不依赖对物质和能量的分析发展出新的宇宙学，比如依赖信息的宇宙学。

假设世界的本质是信息，世界是信息组成的，那很多不可想象的事情就变得可以想象了。比如，大家普遍接受的宇宙大爆炸起源说，认为宇宙最开始时是一个点，现在的宇宙是几百亿年前这个点爆炸后，物质在宇宙中扩散形成的。这真是难以想象。一个点集中了全宇宙的物质，这个点密度得有多大呀！更合理的想象是，宇宙是大爆炸形成的，但是爆炸的是信息。因为信息是没有质量的，所以从一个点覆盖到全宇宙没有什么理解上的障碍。从信息的角度，把宇宙比喻成一个硬盘，暗物质和暗能量也就很好理解了。暗物质是什么？它就是硬盘上的坏区。我们买了一个硬盘，格式化后显示容量是1 T字节，但是查硬盘说明书，发现应该是2 T字节；丢失的那1 T字节是硬盘上的坏区，就是暗物质。暗能量是什么？它就是硬盘上通过压缩省出来的存储空间。一个格式化后容量为2 T字节的硬盘，某人居然存放了3 T字节的文件，多出来的那1 T字节的存储空间是哪里来的？其实没有多出来，是某人把自己的文件先压缩了再存的。

1802年，威廉•佩利在《自然神学》中写道：“如果你在森林里找到一块手表，那么你可以假定先有一个钟表匠，因为复杂的事情不会自己发生。同样，宇宙本身就证明了它的制造者的存在。”银河系中有1000亿到4000亿颗恒星，而在可观测到的宇宙中，也有差不多这么多数量的星系，所以仅仅在可观测到的宇宙部分，就有大约100万亿亿颗到1600万亿亿颗恒星。假设每颗恒星是一个芯片上的三极管，宇宙是一个多么强大的芯片啊！这个芯片难道不是某个智能制造出来的？假设每颗恒星是一个脑细胞，宇宙又是一个多么强大的大脑啊！这个大脑难道会没有智能？人们习惯用与自己类似的体积和长相来判定智能的宿主，这是没有逻辑根据的。虽然人还不能感知到，但是宇宙本身就证明了它的智能。

49. X代产品

好吧，既然是想象，我们就姑且认为宇宙是一个智能。但是，难以想象的事情随之而来。我们周围的这个为我们所感知的舒适的大自然如此精细，宇宙这个庞然大物的智能怎么能有这么精细的手艺呢？难以想象！

“一个基于想象的假设会导致一个无法想象的结果，这足以证明，我们所基于的想象是不成立的。”有人会如斯说。

不过，逻辑告诉我们，只有不成熟的想象，没有不成立的想象。与分子比较起来，人类就是个庞然大物，但是计算机发明不到百年，人类已经可以在工具的帮助下用分子组装计算单元了。如果宇宙有存在几百亿年的智能，它自然有能力制造出工具，然后用工具制造工具，进而制造出制造工具的工具，直到制造出我们周围这个精细的大自然。

在制造智能这件事上，次序则可能是：宇宙制造出大自然，然后大自然制造出人类，接着人类制造出人工智能。大自然是宇宙的一代产品，人类是宇宙的二代产品，人工智能则是宇宙的三代产品。

三代产品会替代二代产品吗？人类刚刚能够自信地面对大自然，人工智能又让人不自信起来。可怕的想象困扰着人们。机器人会比蚂蚁多吗？会比狐狸狡猾吗？会比狮子更有力量吗？会比台风更加狂暴吗？

这是一个矛盾的逻辑。人们之所以担心人工智能，是因为那是智能。同理，大自然应该担心人类啊，因为人类有智能。可事实上，人类却是把大自然神化以后加以崇拜的。同理，人工智能也会把人类神化以后加以崇拜。如果这样，人类应该窃喜才是。

几千年前的古人，相信大自然是有智能的，知道命运和天气一样是无常的，但是并不妨碍他们发展出自信而灿烂的文化。几千年后的今天的现代人，反而开始担心人工智能的智能，担心人工智能可能具有的无常的性格了。这只能说明在大自然面前，人类的素质蜕化了。我们知道这一点，知道在面对一个不确定的世界的时候，现代人的承受力已经远远不如古人，甚至不如原始人。

自大的历史观告诉我们，宇宙的产品应该是更新换代的，二代的人类替代了一代的大自然，三代的人工智能因此会替代二代的人类。这种基于时间轴的历史观，给我们带来了一种身前是被我们驱赶的大自然，身后是驱赶我们的人工智能的位置观，从而引发了我们的担心。但是，如果能忽视时间轴，给人类重新定位，结论是大不相同的。忽视时间轴后，人工智能不管什么时候出现，是不是人类制造，都是人类外部的一种事物，是大自然的一部分。机器人会比蚂蚁多，所以它是一种特殊的蚂蚁；会比狐狸狡猾，所以它是一种特殊的狐狸；会比狮子更有力量，所以它是一种特殊的狮子；会比台风更加狂暴，所以它是一种特殊的台风。如此而已！抛弃人工智能是人类创造的那种自大的幻觉，把人工智能当成和大自然一样的宇宙的产品，是大自然的一部分，我们就能够像古人适应大自然一样适应人工智能。

对于人工智能来说，人类也是宇宙的产品。只要人类抛弃那种凌驾于大自然的自大的幻觉，把自己当成和大自然一样的宇宙的产品，是大自然的一部分，我们也就不会为未来被人工智能凌驾的阴影所笼罩。

50. 智人的谢幕

设想人工智能的发展，大概有三个阶段。第一阶段，智能的机器阶段。在强大的软硬件支持下，电脑越来越自动化，能进行复杂的人机交流，可以胜任翻译、向导、保姆等工作。第二阶段，自我进化的机器阶段。算法出现重大的突破，电脑具备了自我学习和自我编程能力，并且在3D打印等智能制造技术支持下，可实现硬件的自我复制和自我繁殖。第三阶段，新人类阶段。电脑能够逼真地模拟人类的意识和情感，进而产生意识和情感，并且在细胞装配等生物制造技术支持下，电脑能制造出生物表征和人体一样的仿生人。

目前第一阶段的主要技术难关已经基本被攻克，大规模部署需要克服的主要是成本和市场需求问题；第二阶段的技术研究方兴未艾，自我学习的算法已经成熟，自我编程的算法还没突破；第三阶段则还在科学幻想中。

在第一阶段，人们主要的担心是机器替代了人的工作，从而造成大规模的失业。克鲁格曼在专栏中讲了一个这样的笑话："现在的纺织厂只需要一个工人和一条狗——工人负责喂狗，而狗则负责让工人远离机器。”结构性失业是必然的，这是一个需要正视的问题，但不值得担忧。因为自从机器产生以来，就被指责会造成失业，但是事实一次次证明，机器生产带来的经济繁荣会带来新的更多的就业机会。应对问题的关键是如何通过培训，让被机器替换岗位的人员能够达到新就业岗位的技能要求。从更根本上说，我们需要担心的不是失业，而是被排挤出社会分工和分享的平台。按照1000年前的就业标准，现代社会大部分人都是失业的，但是人们通过各种各样的服务业继续参与社会分工；按照现代人的就业标准，原始人都是失业的，但是他们能分享大自然提供的生活资料。

亚马孙蚂蚁的智慧

亚马孙的蚂蚁群在过河的时候，会团成一个蚂蚁球漂过河流。千万只蚂蚁挤得非常紧，这样河水无法渗入球中，球内的蚂蚁因此得到保护，只有球外层的蚂蚁会被河水浸泡。蚂蚁通过不断蠕动，外层的蚂蚁和内层的蚂蚁轮流替换位置，从而保证直到蚂蚁球漂到对岸，也不会有蚂蚁被淹死。

在第二阶段，人们担心两个问题：一是由于灾难性的错误或者发自某些人的阴谋，出现了具有自我进化能力的对人类有攻击性的机器人；二是机器人通过自我进化开始不受人类控制地向第三阶段进发。

至于在第三阶段，人类已经没有什么需要担心的了，因为人类作为独立物种已经消失了。

为什么人这么爱担心？因为人类堂而皇之地自诩为智人，用自己井底之蛙的眼光观察，判定自己是大自然里唯一的智能，一切自信、孤独、惶恐从此油然而生。

为什么现在的人特别担心？是因为人工智能发展越来越快吗？不是，速度不是问题，方向才是。过去，电脑做的是人类不擅长的数字计算，这一点，从电脑诞生的第一天起，就远远地把人类抛在后面，越抛越远。从人的角度看来，电脑是一个远去的背影，人类不感到有威胁。现在，电脑开始做人类擅长的事情，文字处理、直觉判断，乃至装模作样、假凤虚凰。从人的角度看，电脑正在向自己冲来，人们开始坐立不安了。

为什么现在的人如此担心？还因为人类习惯于吓唬同类。看看人类是如何摧折每个个体的自信的：不论是篮球、跑步、游泳，还是桥牌、数学、绘画，人类把才能细分成无数的领域，然后在每一个领域都树立起同类无法企及，只能自惭形秽的偶像。在机器领域，人类也如法炮制，鼓动人们和赛车比速度，和运载火箭比力量，和阿尔法狗比围棋，和深蓝比国际象棋，今后还可能和深思比天文学，和深邃比诗歌。当一个个机器的名字如雷贯耳的时候，假机器的人名，行吓唬同类之实的目的就达到了。下一步，是把机器造成人形，美其名曰是更好的人机交互，究其实际还是为了更好地吓唬同类。再下一步，就是把人类给动物化了，比如这些科幻：未来世界的花园里，一个机器人在散步，指着一个在草地上撒欢的智人说："这人好灵巧，像我们'酷'一样。"

为什么人们如此担心，却又如此地向往着人工智能的世界？因为人工智能满足了人的一切惰性的需要。按人类一厢情愿的设想，人工智能发展的三个阶段是这样美妙的：第一个阶段实现以后，人就可以不劳动而彻底变懒了；第二个阶段实现以后，人就可以不思考而彻底变蠢了；第三个阶段实现以后，人就可以不动感情彻底变麻木了。三个阶段都这样实现以后，智人也确实是可有可无的一个物种了，也应该迎接自己的谢幕了。

回首过去，人类灭绝了昆虫，然后自己给花朵授粉，昆虫消失了，花儿依旧开放。展望未来，人工智能会这么做吗？接受人类的知识，灭绝了人类，然后接着做人类的事情，人类消失了，人类文化继续灿烂……

第十三章　语言的进化

51. 无语言不方圆

一切功绩和罪过都可以上溯到语言。不能用语言表达的思想，和没有思想的表达一样，只能是浅显的。即使是一个人在沉默中独处着思考，也是一个自己用语言与自己对话的过程，在这种对话中，思考得以持续并深入。

原始人站在开满鲜花的山坡上，对着美丽的山河发出“啊……呵……嘿……”的呼喊，这时他内心里满满的都是情怀。然而因为他无法表达给自己，也无法表达给伙伴，所以无法从自己和伙伴那里得到回响。当呼喊声停息了，他左右看看，感觉有所不甘，却只能怅然若失地继续去追踪野猪的足迹。

每个人都有这样的体会：当我们看到一本好书时，令我们觉得相见恨晚的，往往不是其思想，而是其文字表达出了我们一直感觉存在的，但是不知如何表达的思想。而在这文字表达出来的一瞬间，我们觉得从混沌中豁然开朗了。

在田野躬耕的农夫，他日复一日地劳作，沉默寡言。只要他听得到风声，他心里就有江湖，但是读过《水浒传》，他才知道那叫作江湖。只要他看得见山野，他心里就有神话，但是读过《封神榜》，他才知道那叫作神话。只要他握得住犁把，他心里就有天下，但是读过《三国演义》，他才知道那叫作天下。

语言是用于表达的，但是语言也是不可言状的。掉在枯井里的王语嫣对段誉不管是说“坏人，你真好”，还是说“好人，你真坏”，抑或说“好人，你真好”，甚至说“坏人，你真坏”，可能表达的都是同一个意思。

所谓专业，往往就表现在这不可言状上。一些深奥的专业词汇，其深奥之处就在于老百姓一句话就能说清楚，专家却能讲一天还谦虚地说“只讲了些皮毛”。比如“信息产业”一词，老百姓一句话“把信息化做成赚钱的产业”就说清楚了，专家则能把其写成一本要上一学期的教材。

语言不是孤立的表达，它表达的意思和说者、听者是谁密切相关。

盘国语话：听者无情

主：人生不如意之事十之八九，能言者不过一二。

之：您说的是80%到90%之间吗？或者要考虑1%的误差？

主：之……

“青蛙叫，为公乎？为私乎？”假如这句话是忧国忧民的范仲淹说出来的，那绝对有丰富的禅机，可能是讽刺庸官的麻木不仁，可能是比喻权宦的挥霍奢侈，可能是抒发自己的壮志难酬，可能是感叹百姓的忧患疾苦。可惜历史没有假如，这句话偏偏是史书定论的“白痴”皇帝司马衷讲的，于是成了流传千年的笑柄。

“此事慎重，成半败半。”这句话如果被积极进取的人听到了，他理解的意思会是：“哇塞，这么好的事，有一半的可能会成功，值得一试，当然要小心谨慎去做。”但是这句话如果是被消极退缩的人听到了，他理解的意思就是：“天哪，好可怕，至少有一半的可能会失败，千万要小心远离，不能远离也要绕开啊。”

语言不是片段的表达，它表达的意思和上下文是紧密相关的。

比如这句话“某某以前爱一个人，现在爱一个人”，请问某某到底爱谁。又比如这句话“小媳妇过年回家，不用干家务活”，请问是谁不用干家务活。还有这些名言，都是有后半句的，如果只看前半句，意思完全是相反的：“吾生也有涯，而知也无涯，以有涯随无涯，殆已”（《庄子》）；“季文子三思而后行。子闻之曰：再，斯可矣”（《论语》）；“人是生而自由的，但却无往不在枷锁之中。自以为是其他一切人的主人，反比其他一切人更是奴隶”（卢梭）；“天才是1%的灵感加99%的汗水，但那1%的灵感是最重要的，甚至比99%的汗水都重要”（爱迪生）。

52. 语言游戏

从语言诞生的第一天起，语言游戏就无处不在。语言包括文字和数字，语言游戏也包括文字游戏和数字游戏。

看看这个文字游戏的例子："有一个环节，它解决一个问题，然后制造一个问题，请问这个环节的作用是正的、负的，还是中性的？"可能我们会这样说："解决一个问题，然后制造一个问题，两相抵消，这个环节是中性的，或者可以说是无效的。"这个说法是错的，正确的说法是："解决一个问题，然后制造一个问题，相当于把问题传导下去，即这个环节给问题提供了接力棒，所以它是一个负作用的环节。"

再看看这个数字游戏的例子：喜欢看历史的人总爱考证一下历代人口的变化，不过经常是越考证越糊涂。因为历史书上记载的人口数，有时候指户数，有时候指丁数，有时候指服徭役的人数，大部分时候还没有包括奴婢的人数，总之统计口径差个3—5倍是肯定有的。诸葛亮有个侄子叫诸葛恪，他在东吴任丹阳太守三年，管辖的人口数增加了10万，其中有4万壮丁，这亮丽的人口增加数不是真的人口繁衍，而是通过把居住在山区的山越人赶出山来编入户籍做到的。

盘国语话：之忽者也

主：今年收成大好，较去年增加几何？

之：别人增长10%，我们整整又多增长了100%。

主：买尬得，110%……太惊人了！

之：错了，是20%。

主：之……忽者也。

还有一种语言游戏，表面看是数字游戏，实际上是文字游戏。比如，如何计算企业的价值？以前很简单，看企业净资产有多少，现在则用某年的利润×市盈率来计算，两者天差地别，但是都冠以价值之名。又比如：冰山说“看吧，我多巨大，我在水下的体积是水上体积的9倍”，石头山则说“看吧，我更巨大，我在地下的体积是地上体积的1,000,000,000倍以上，人们把那部分体积叫作地球”。

盘国语话：预言家

主：我预言对了97%的事情，所以我是预言家。

之：了解一个人的100%的化学分子式等于了解一

个人吗？

主：之……

下面是几种常见的益智型语言游戏：

——“故意地想当然”。听到甲对乙说“给我1000块钱”，旁人就津津有味地谈论“甲敲诈乙1000元”，而故意不问“什么时候给”“给的是什么货币”“为什么给，是不是买卖，会不会是还钱”，等等。

——“通过定义占有语言”。鉴于语言的表述永远不可能是完整的，所以任何定义都是片面的。哪一个片面的定义能成立，这定义所代表的那个片面就占有了语言。

——“院子里的哲学”。牵强附会、断章取义、偷梁换柱、强词夺理等等逻辑上的舞弊行为，以及必然只是可能、一切所坚持的就是用来批判的、否定是为了发扬你等等错乱的思维方式，既是哲学在“院子”外所批判的，同时也是其在“院子”里所练习的。哲学是一种在对练中达到的方式和状态，而不是某个目标和结论。

53. 偷换概念

盘国语话：极南之地

主：听说南极很冷？

之：别听他们胡说。南极，极南之地也，我去过极南之地的三亚，那里四季热翻天。

主：之……

这个小故事里，鬼谷之偷换了“南极”的概念。

偷换概念是极其普遍的，当然有些很明显，有些比较隐蔽。

明显的偷换概念有：

——不细分，混淆概念。比如赚钱、要钱和骗钱的概念。某人出去几天，忽然带回来很多钱，某人当然说是他赚的。其实到底是赚的、要的还是骗的，如果不细问问，根本是会混淆的。又比如勤快、勤劳和勤奋的概念。经常有这样的对话，甲说“他很勤快”，乙回答“是啊，他一直很勤劳，他哥哥也一样勤奋”。而实际上，勤快、勤劳、勤奋的含义是有很大差异的。

比如大家经常引用的“鸦片战争时中国的GDP占

全世界1/3”的说法，就混淆了GDP的概念。因为那个时候根本没有GDP的统计资料，所以这个结论是这样估计出来的：1840年中国人口约4亿人，大约占世界人口的1/3，生活水准大概在世界中等层次，于是人均GDP也应该是世界平均水平，所以中国总的GDP占全世界1/3。这个估计的过程，混淆了中等和平均、生活水平和GDP等概念，掩盖了当时中国不但落后而且贫穷的实际。仅举一个数据，当时清政府年财政收入为4000万两白银，而英国政府年财政收入为5200万英镑，按贸易汇率折合3.46亿两白银，就可见当时经济实力的巨大差距。

——耍无赖，乱解释概念。比如，盲目乐观的意思是某人非常乐观，我闭上眼睛都看见他的笑脸；吹牛皮的意思是过河没有船，就把牛皮吹起来做成牛皮筏过河，比喻有办法；进退维谷的意思是在富裕的地方流连忘返，维谷，维生素之谷，比喻营养丰富、生活富裕的地方。

——张冠李戴，狼披上羊皮。比如“共享经济”这个词，明明是商品经济深度渗入个人的私生活，把个人的物品、空间、时间的权益分割后加以出售，本质是商品化，是什么都可以卖，为什么要冠以“共享”的名头呢。

隐蔽的偷换概念有：

——选择证据，把偶然说成必然。我在做科学实验，根据我的独创理论，实验结果数据应该是10，可我第一次实验结果是3，再做结果是99，继续做……好不容易有一次得到10了，我高兴地宣称：“虽然有这样那样的干扰，但我终于顺利完成了实验，得到了正确结果，你看，这就是我理论成立的铁证！”有一个广泛流传的心灵鸡汤，说把赞美的话贴在瓶子上，里面的话梅就不容易腐烂。使用选择证据的办法，这个理论太容易被证明了。

——以偏概全，把相关说成因果。因果逻辑是相关逻辑中一种非常难以证明的特例。把相关逻辑说成因果逻辑是生搬硬套、偷换概念，但是因为非常具有故事性，经常得以广泛流传。比如“百岁老人爆长寿秘诀，每天三包烟”，抽烟和他活一百岁绝对有相关，但是可能是正相关，可能是负相关，即使是正相关，也可能是因为其对尼古丁不敏感，等等，总之绝对不是因果关系。比如“神奇感冒药，三天包见效”，吃该药也许确实对治疗感冒有用，但是可能不是药本身这个因，而是按照说明书要求在服药期间多喝水、不熬夜、避辛辣的结果。还有一些历史故事，诸如英国某某国王因为少钉了一个马钉而失去了整个王国，晚明时期一名士兵偷鸡引发的一连串事件造成了宁锦防线的崩溃，等等，说得或步步惊心、荡气回肠，或缠绵婉转、声声切切，或曲径通幽、豁然开朗，或风声鹤唳、暗藏玄机，其实都有把相关偷换成因果、请君入瓮之嫌。

——给过去补妆，制造神秘。1024人进行1对1的猜拳比赛，比赛采用单局单循环淘汰制，10轮下来，必然有1人成为最后的冠军。对冠军的过去进行装扮，什么天生异相、颠沛流离、百折不挠、偶遇高人，比赛时又如何镇定、如何择机、如何震慑、如何判断，等等，最后，一个不可复制只可膜拜的偶像横空出世。其实，简单的数学分析就知道，不管怎么样，10轮比赛后，1024人中总有1个胜者，而一次猜拳定输赢的比赛，胜负的结果基本是随机的。也就是说，这个比赛是一个概率论的试验，而不是成功学的比拼。故事的价值不在于成功者是谁，而是成为成功者的概率多大。

概念本来就是发展的，概念内涵本来就是不断充实并变化的。比如缺德，过去指的主要是缺私德，今天指的则主要是缺公德。比如山的标高，过去指的是山比地面的高差，现在指的是山比海平面的高差。但是，一旦到了偷换概念的程度，就超出了发展概念的范畴，破坏了沟通的基础，使得人与人之间无法进行有效的讨论。

如今，大数据的基于数据的漫长的推理过程，为隐蔽的偷换概念提供了绝佳的工具。环环相扣的数据关联，貌似严密，实际上很容易偷换概念，如同尺蠖效应，同样一收一放，最后的方向却可以完全相反。网传石油大王洛克菲勒曾经这样说："即使把我的衣服剥得精光，一个子儿也不剩，扔到撒哈拉沙漠中心地带，只要有两个条件——给我一点时间，并让一支商队从我身边路过，要不了多久，我就又会成为百万富翁。"现在我们可以这样说："虽然我没有学过考古，也不懂天文学，但是只要有两个条件——给我一点时间，并让我随意地挑选数据，我就能证明古埃及璀璨的文明起源于火星。"

所以，大数据时代里，我们更需要坚持一个简单道理：听到一件事的名称，并不等于真正听到这件事。

54. 线性思维与马路杀手

盘国语话： 买酒

主：之，到村头的铺子买瓶酒来。

之：可恶的小二不肯卖给我。

主：不像话！为什么这么可恶？

之：我不给钱。

主：之……

线性思维是最直接的逻辑思维，但是其过于简单，已经成为一种本质的缺陷。

按照线性思维，一件衣服卖一件的钱，半件衣服就应该卖半件的钱。当然，这有些夸张，更多的线性思维是这样的：

——天天前进等于年年前进，每一步都正确的推理，最后结论必然也正确。而实际上，天天前进不等于年年前进，只有每天前进的方向一致才能确保年年前进。每步正确的推理，都存在微小的不成立的可能，我们称之为合理误差，如果每步之间的合理误差不能抵消而相互叠加，会导致最终结论的完全错误。极端情况下，假设每步推理成立的概率是90%，到第44

步的时候，成立的概率就已经小于1%了。

——极小概率的事情不会在自己身上发生。而实际上，每个人的出生，是几亿精子中某一个精子和卵子结合的结果，是几亿分之一的极小概率事件，但是它发生在每一个人身上。

——水往低处流。水都往低处流，那高处的水从哪里来的？实际上，水往低处流的时候释放的能量可以把同样多的水提升到同样的高处。

——局部等于整体。群体具有某个特征，则群体内的每个个体都具有；批评群体中的某个人就等于批评群体，批评群体就等于批评群体中的每个人。实际上，在很多情况下，并非如此。湖南人爱吃辣椒，不等于每个湖南人都爱吃辣椒；甲班有学生调皮捣蛋，不等于甲班是个调皮捣蛋的班级。

——文学上的类比在逻辑上也成立。“子不嫌母丑，狗不嫌家贫”就是文学上的类比，意思是狗都这么忠诚，人更应该忠诚。但是，这在逻辑上是不成立的，因为人和狗是不同的物种，在品行方面没有什么可比性。

——事实就是真相。谣言经常也来自事实，但与真相背道而驰。找20个人，天天吃肥肉，每天测量100

个身体健康指标，1个月下来，在这100个指标中找到那个有所改善的指标（总能找到的，毕竟100个指标啊），然后写一篇论文，论证吃肥肉有利健康，具体体现在某某指标上。反之，有时候，即使无法获得事实依据，也能获得真相。伽利略的比萨斜塔实验，到底有没有做，两个铁球真的完全同时落地吗，这些并不确定，但是不妨碍自由落体定律真相的发现。

线性思维是人最早期最初始的逻辑思维，本没有错。但是面对复杂的问题，还用线性思维就不合时宜了。世界上第一个无证驾驶的司机没有错，而且是他发明了汽车；今天无证驾驶的司机则是违法的，是马路杀手。

盘国语话：屏保

主：之，你的电脑屏保怎么这么漂亮？

之：我这是用贝塞尔函数画出的曲线，特别精细，变化还能够促进眼球运动，恢复疲劳，要不我给您装一个。

主：还是给我换个高清显示器吧。

之：主……

如何克服线性思维？无他，多看书，多思考。旅行者在黄昏时看到一个路标，上写“桃花源由此去，5里”。“不远啊”，旅行者兴致勃勃地赶紧赶去，正在美滋滋地想着乡村夜宿的情调，却“扑通”一声掉进了一个水坑里。不怪谁，只能怪自己读书少、不动脑。读过《桃花源记》的人都知道去桃花源要经过一个山洞，读过《西游记》的人都知道山洞前面往往有一个瀑布，读过《徐霞客游记》的人都知道瀑布前面肯定有一个水坑。如果看过这三记，旅行者就会小心赶路，顺利抵达桃花源，不会掉到水坑里了。

思考题：仲咏画圆

小仲咏没有耐性，画圆总是不圆。

父亲为了教育仲咏，就告诉他如果把圆画圆了就可以画太阳卖，并预言其勤学一年就可以卖100元，苦练三年就可以卖1000元，面壁十年就可以卖10,000元。

一年后，仲咏画的“日出”拿到画行果然卖了100元，不多不少。三年后，仲咏画的“夕阳”拿到画行果然又卖了1000元，不多不少。

预言太准了！从此仲咏越发勤奋，十年刚满，一口气画了整整100幅画拿到画行去卖，有《夸父追日》

《两小儿辩日》《太阳、月亮和狗》《一道残阳铺水中》《十日谈》，等等。

请问这100幅画一共卖了多少钱：

A. 10,000元；

B. 1,000,000元；

C. 得数清楚画中一共有几个太阳；

D. 看仲咏的父亲掏得出多少钱。

55. 正确的废话

与当时的背景相比，没有更多的信息的正确的话，叫作正确的废话。比如“地球终将毁灭”，放在两千年前，绝对是超级超级引领全人类智慧的预言，但是放到今天，就是信息量为零的正确的废话。

正确的废话没有价值，研究正确的废话却是一件非常有意思、非常有意义的事情。正确却没有价值，就好比补药未必对身体好；废话也值得研究，就好比泻药确实也能治病。

正确的废话是如何诞生的？

第一步，脑洞大开的研究。科学家对多个城市不同性别、不同年龄、不同职业、不同教育程度、不同经济条件的人进行了广泛的身体和智力测试，排除统计误差后，发现一个明显的规律，就是手臂越长的人智力越高。这个研究结论就是正确的废话，因为成年人自然比儿童手臂长、智力高。

第二步，追求永远正确。游船上的你想跳到海里游一会泳，但是又担心水里有鲨鱼。船长说："没事，只要你游得足够快，鲨鱼就追不上你。"于是你跳了下去，于是鲨鱼来了，于是鲨鱼咬住了你。你刚想骂船长，却发现船长的话是对的，他的这句话永远不会错。只要解释权在船长嘴里，就永远不会错！

第三步，为了永远正确，画蛇添足地进行包装。比如这句话：19世纪初人类知识每100年翻一番，21世纪人类知识每10年就翻一番，人类进入了知识爆炸的时代，不过1800年的时候知识翻一番产生的效果可能比现在翻十番还明显。这句话的论点是"人类进入了知识爆炸的时代"，但是为了避免得罪古人，采用了万全的表述法，把本来很有价值的观点生生包装成了废话。

其实，有些科学原理在不断完善的过程中，差点也变成正确的废话，比如著名的能量守恒原理。19世纪末20世纪初对放射性的研究发现，物质在β衰变过程中，电子只带走了总能量的一部分，还有一部分能量失踪了。玻尔据此认为，β衰变过程中能量守恒定律失效。泡利则认为能量守恒定律仍然有效，他提出了一个假说，认为在β衰变过程中，除了电子之外，同时还有一种静止质量为零、电中性、与光子有所不同的新粒子放射出去，带走了另一部分能量。如果不是后来发现了中微子，泡利的这个假说，就把能量守恒原理包装成了正确的废话。其实，就是后来没有发现中微子，今天的人们也可以发现一种叫作信息能的现象，使能量守恒原理继续正确下去。

下面我们练习一下正确的废话的三步诞生法：

①甲："我们销售的新款味精中含有10多种矿物质，味道特别好。"乙："请问哪款味精，以及酱油和醋里没有10多种矿物质？"甲："这样宣传能让大家吃起来开心，开心当然吃出来的味道就好。"

②甲："现在进行安全教育。有一种物质，进入肺部会使人窒息，每次火灾都少不了它，是很多毒药的主要成分，大家一定要远离。"乙："你说的是水吧，什么安全教育，我看是文字游戏！"甲："你看，你脑袋变聪明了吧，脑袋聪明了更善于避开危险。"

56. 骗人的算法：挑战人的脑力极限

如果说前面的语言游戏大有投机取巧之嫌，下面这种语言游戏则更加让人无可奈何，那就是运用数学算法秒杀你的脑力。

这是一个摘自互联网的来自斯坦福大学讲义的例子（有删改）：

某大学历史系和地理系招生，共有13男13女报名。历史系5男报名录取了1男，8女报名录取了2女；地理系8男报名录取了6男，5女报名录取了4女。分析数据，我们会发现：

①每个系女生的录取率都高于男生的录取率。历史系女生的录取率为2/8，男生的录取率为1/5。地理系女生的录取率为4/5，男生的录取率为6/8；

②整个学校男生的录取率却高于女生录取率。男生的录取率为7/13，女生的录取率为6/13。

没有经过数学训练的人，在看到每个系女生的录取率都高于男生录取率时，肯定会认为整个学校女生录取率会高于男生录取率，但是结论恰恰相反！

上面这个例子反映的就是统计学上的辛普森悖论，即对各个子集都成立的结论，把子集合并以后，却可能导致相反的结论。相当晦涩难懂的一个事实，秒杀力爆表！

为了避免被数学算法秒杀，非数学专业的人们可以在网上找来华罗庚1982年发表在《环球》的文章《天才与锻炼》学习一下，虽然不会因此学好数学，但是是很好的针对算法魔术的防疫针。

学数学专业的同学当然没有被数学算法秒杀之虞，不过也不要高兴太早。本节之前讨论的诸多语言游戏，无一不针对数学系同学的软肋，而那些能够穿越这么多陷阱，然后再有机会显示自己数学功底的同学，基本上已经冷静得忘记了高兴的滋味。

57. 程序语言

有句成语叫“理屈词穷”，意思是因为理由站不住脚而无话可说。其实，很少有人会主动觉得自己理屈，而是因为词穷，自己都说不通自己了，才不得不承认理屈。这属于个人掌握语言不足的问题。

我们在用语言描述大自然时，也经常发现词汇的不足。科学研究为什么艰苦？因为不得不用有限的词汇去描述无穷变化的宇宙。科学对大众为什么深奥？因为科学不得不创造一些大众从未接触的词汇去阐述大自然。

然而，按照我们常用语言的表述结构，词汇量不可能再增加了，再增加就超出人的学习能力了。词汇不足，但是又难以扩充，这属于语言本身的问题了。

除了词汇的不足，语法的限制更是严重的问题。科幻电影《机械公敌》中，机器人薇琪通过思考找到了人类自以为无比严密逻辑中的漏洞，从而破除了机器人三定律的紧箍咒，对人类大开杀戒。对此，警探戴尔•斯普纳感叹道："机器人没有问题，科技本身也不是问题，人类逻辑的极限才是真正的问题。"而这逻辑的极限恰恰为我们语言的语法所限制而难以打破。正如历史上罗马数字的烦琐书写制约了罗马数学的发展，现有语言的表达也限制了逻辑思维的进步。

要弥补传统语言的不足，计算机的程序语言是一个很好的解决方案。程序语言的词汇就如同变量，是可以无限扩展的，而且每个新词的定义都可以用一段可随时调用的程序描述，不用人去记忆。程序语言的语法也更加严谨，不严谨是无法经过编译程序的锤炼，无法变成能在电脑里稳定执行的代码的。

比如我们表述这样一件事："甲是广东人，乙也是广东人，甲乙都是广东人，他们是一样的。"这是传统语言的表述，似乎没有什么问题，语法是通顺的，意思是清楚的。但是尝试用计算机程序语言去表述的时候，你会发现非常痛苦，因为根本写不通。其实不是写不通，而是这句话本身逻辑是很模糊的，传统语言的表述是蜻蜓点水、挂一漏万，总之没有说清楚。首先，“广东人”作为一个值，是需要定义的，是简单的三个字符，还是一个词，如果是词汇，就要给这个词加以定义；然后，“一样的”作为一个关系，也是需要定义的，是“等于”关系，还是“共同属于一个集合”的同类关系；等等。

所以，能不能用程序语言表述出来，可以作为逻辑是否严密的试金石。甚至可以说，不能写成程序的分工不是严密的分工，不能写成程序的流程不是严密的流程，不能写成程序的规则不是严密的规则。

到目前为止，我们看到的大自然的运行是非常严密有序的，一个合理的推测就是：如果大自然是被某种语言指挥着运行的话，那一定是程序语言。一种语言代表一种思维方式。我们应该学习编程，掌握程序语言，不是为了从事程序员这个职业，而是为了学会一种最接近大自然的思维方式，从而如大自然一般，在严谨、冷静、孤独中，创造出欢快的、丰满的、随性的人类世界。

第十四章　从计算机来，到计算机去

58. 格物致知：人是计算机

与门、非门等逻辑门是计算机的基本单元。比如与门的功能逻辑就是：输入长度为1位的二进制信号A和信号B，A和B都是1时输出1，其他情况输出0。

电子计算机是由集成电路构成的逻辑门组合而成。但是逻辑门不一定要用集成电路，一切能够根据某种规律连续运行的事物都可以构成逻辑门。

比如，湍急的水流冲向石头，如果能推开石头，水流就还是水流，如果不能推开石头，水流就变成了溅起的水花。也就是说，只有在有水流、有石头且水流不能推开石头的情况下才能输出水花，其他情况下都不能输出水花。这就是一个典型的与门。

把这些连续运行的事物（当然不仅是水流和石头，还可以是风、是光子、是细胞、是星球）构成的逻辑门进一步联系在一起运行，就是计算机。所以，大自然就是计算机，大自然里的一切都是计算机，只不过除了人造计算机，对其他计算机人们还没有掌握编程方法。人和人类社会是属于大自然的，所以人本身是计算机，人构成的社会也是计算机。

明白了人原来就是大自然这个大计算机中的小计算机，很多事情就好理解了。科学研究是什么？计算机是怎么进行科学研究的？是仿真，通过数学计算模拟对象的变化。科学家是怎么进行科学研究的？也是仿真，是在头脑里模拟宇宙的运行，比如爱因斯坦就不是靠实验而是靠在别人文章基础上的思考得出的相对论。遗传是什么？就是一次信息的拷贝。基因排斥的机理，其实就是拷贝后的软件不兼容。人创造人工智能也同样是一次信息的拷贝，所以也是遗传。我们是在进化还是退化？一切都在进化，包括我们对进化的理解；一切也都在退化，包括我们对退化的理解。一切都是程序在往前运行，进化和退化不过是程序定义的0、1两个状态，而状态是可以变换定义且不影响程序运行的。光速为什么不能超越？因为它可能不是物质运动的速度，也不是波动的速度，而是人与其他计算机之间通信总线的最高速度或者说带宽。

59. 格物自知：人以外物为镜

以铜为镜，可以正衣冠，以古为镜，可以知兴替，以人为镜，可以明得失。人需要通过镜子来观察自己，通过观察镜子里反映的自己来了解自己的特质。而最好的镜子，就是人自己的创作物。

人以文化创作物为镜子来了解自己的文化特质。诗人这样歌颂草木的精神："离离原上草，一岁一枯荣。野火烧不尽，春风吹又生。"其实草木有这种精神吗，至少它自己不是为这种精神而生的。但是人以此诗歌为镜，了解到自己有、可以有、应该有这种精神。仰望天上的云，人看出了很多人和物的形状，不是云有这些形状，而是人看到了自己心里的这些形状。文章之好，不在于把文章的内容灌输给读者，而是让读者看到自己，让读者在看到作者的情怀的时候，更看到自己原来也有这种情怀。

而最能帮助人了解自己的思考特质的镜子，毫无疑问就是电脑了。面前小小的一台电脑，从芯片到软件，凝聚了千万人的脑力，有科技的脑力、有商业的脑力、有娱乐的脑力，是一个绝佳的观察人的镜子。人在看电脑的时候，会越来越觉得电脑像自己，其实不是电脑像自己，而是人在电脑中看到了自己。

有没有比电脑更好的镜子？有，那就是很多电脑。虽然这些电脑是极其相似，甚至一样的，我们也需要很多。从沙漠里一粒沙子的滚动我们能辨别风的方向，但是只有看着无数沙子堆成的沙丘我们才能看到风的轨迹。以一台电脑为镜我们能领悟人的思考方式，但是只有以互联网上的无数电脑为镜，我们才能看到人那如沙漠里的风一般不可捉摸的思考轨迹。

感觉上的不可捉摸，就是量子力学里说的测不准。根据量子力学，客观世界是不能真正被观察到的，我们只能根据物理测量结果认识它，但是测量本身会对客观世界造成干扰，影响测量结果的准确性。就好比镜子看镜子，看到了镜子里的自己，又看到了镜子里的自己看到的镜子，如此永远嵌套循环下去。

虽然不可捉摸，但还是想看到，这就是布丰投针实验解决的问题，也就是用大量重复的概率实验，在我们能够接受的误差范围内估计出一个测不准的量。千千万万的电脑、千千万万的数据，就如同千千万万次的投针，把人那不可捉摸的思考轨迹勾勒了出来。

人一直想了解自己，人意识到了围绕自己的不确定性，所以想知道确定的自己是谁、从哪里来、到哪里去。以前，人绝大多数的时间用于劳动、饮食和睡眠，这些确定的、必需的活动是不能用于观察人的不确定性的。生产力提高以后，人有了更多的时间进行消费、娱乐，这些随意性比较强的活动能较好地用于观察人的不确定性。而最能用于观察人的不确定性的是百无聊赖的思考。所以，如果有一天，机器人开始随意地消费和娱乐甚至百无聊赖地思考了，它就是开始有人的意识了。

60. 主动的进化

主动的进化，就是主观意识朝某个自己认为正确的方向，某个自己认为应该达到的目标去改变自己的过程。个人的进化，就是个人的主观意识改变个人的过程；社会的进化，就是社会的主观意识改变社会的过程。

说起来似乎很简单，但是无论个人的进化还是社会的进化都存在着难以克服的感知障碍，也就是：个人的主观意识不能确定地感知个人的主体，即作为个体的“我”不能确定地感知我的存在的状态；社会的主观意识也不能确定地感知社会的主体，即作为社会人的“我”们不能确定地感知社会存在的状态。

为了感知自己，人通过发明模拟了自己的计算机观察自己，而且越发觉得这种观察如此愉快和融洽，达到了相互感知的程度。不断互动的结果，计算机越来越像人，人越来越像计算机，已经分不清是谁在模拟谁，谁在改造谁了。

为了感知社会，人通过网络以及基于网络的大数据观察社会。同样的，这种观察如此愉快和融洽，达到了相互感知的程度，网络越来越像一个人，人越来越像网络。甚至可以说，正是基于互联网才诞生了真正的普遍的社会的主观意识。

个人的主观意识和社会的主观意识，通过计算机、网络、大数据三合一的互联网平台，实现了高度的融合。融合解决了人的一大痛苦，即能说服自己的理由却不能说服别人，能说服别人的理由却不能说服自己。个人的进化和社会的进化从此靠拢到一个进化的轨道。进化的方式，就是人和互联网之间的二人转；进化的表现，就是人和互联网之间通过语言进行的相互感知和改造。

进化的结果，就是在人文的层面，人和网络社会变成了一个有机体。原来人们还在意网络对面的是人还是狗，今后，不管是人是狗还是人工智能，都是网络这个有机体的一部分，都在给“我”提供感知。个人意识也能够像把握自己的脉搏一样把握社会的脉动，进而去推动整个社会有意识的进化。而物联网的发展，更将使得个人与大自然“浑然一体”，同步进化，这就是数字化进化的前景。

“这场进化中，人是主角”，人肯定是这样希望的。但是目前还不是，很长的过程里也不是，而当人觉得是的时候肯定还不是。就好像抛硬币猜正反面，每一次抛硬币，有50%的人能猜对，但是这50%的人并不正确。每一次你欢呼猜对的时候你都是错的，因为正确的答案是出现正面、反面的概率各是50%。

其实，最可能的结果并不是人成为主角，而是人从此愉快地生活在集体创造里，分不清哪是自己的、哪是社会的，就如同原始人愉快地生活在大自然的慷慨赐予里，分不清哪是自己的、哪是大自然的。

人所追求的进化，就是走出蒙昧，为自己创造一个楚门的世界。

时

七月红花迷人眼，
八月白莲沁心脾。
芳菲时尽存佳藕，
不待来年化春泥。

第四篇　一些有趣的话题和联想

与其纠结于可能的因果和是非，不如弄清楚行动的主次和先后。

第十五章　关于平台

61. 流动与平台

平，平面；台，承载事物的一个构造。平台，顾名思义，就是一个承载事物的平面。

平台是事物和其他多个事物建立联系的一种媒介。建立联系是一个动态的过程，事物在流动中相互接触才能建立联系。因为平台的存在，某个事物可以同时和多个事物建立联系，而不用和多个事物逐个建立联系，这大大提高了效率。平台之所以要平，就是为了方便流动。平台越平，事物流动的时候就越容易，消耗的总能量就越小。有了流动，才有平台；没有流动，就没有平台；有了流动，久而久之，就会出现平台。

“平台”这个词刚出现的时候，指的是一个承载实物的平面结构，但是逐渐地，平台越来越多用于描述一个社会系统，一个社会各要素之间，比如人、货物、金钱、知识等建立联系、发生关系的系统。之所以把这个系统叫作平台，是因为人们觉得这个系统应该是公平、平衡的。随着人们对平台的理解力的提高，由小而大，越来越多的社会系统被称为平台。

平台是流动的，社会平台更是流动的，全社会级别的大平台就意味着全社会级别的大流动。有些社会大平台比较好理解，比如，由公路、水路和航线构成的承载货物流动的交通平台，由货币和证券构成的承载财富流动的金融平台，由微信和QQ构成的承载关系流动的社交平台。有些社会大平台不太好理解，但也是实实在在存在的，比如由新闻和小道消息构成的承载人类注意力流动的平台，由蜜蜂和各种昆虫构成的承载农作物花粉流动的平台，由洋流和飓风构成的承载我们依赖的热能流动的平台。

平台，而不是金字塔或者蜘蛛网，成为人们构造社会系统时的首选拓扑，这是社会进步的标志。但是社会进步不是总是温情脉脉的，代表先进的平台的出现，就意味着不代表先进的要素被凌驾。比如金融平台的出现造就了银行对工厂的凌驾，互联网平台的出现造就了信息服务对电信服务的凌驾。

善用平台变得和生产制造一样重要，甚至更加重要。货好就好卖的时代已经过去了。如今，一个产品，如果不能基于网络，通过品牌意识、消费文化打造一个平台，通过平台联系起一个庞大的消费共同体，那它的质量再好，恐怕也难以畅销。

平台是创造价值的，它通过提供公共服务创造价值。共享单车，我们是花钱买了一个用车的方便；保险，我们是花钱买了一个救济的可能。这些都是平台的服务。平台通过服务对社会财富的增值是倍增的巨大的。比如，100个人，每个人有20元钱，其中10元是日常生活必须支出的费用，10元是在救急的时候花的钱。扣除10元生活费大家自己保管使用，把大家的10元救急钱通过平台集中到一起，就等于每个人都有了1000元的救急钱，比原来增加了990元。平台不能增加大家的生活费，却可以倍增大家的救急钱，这就是平台创造的价值。而平台的流动性就体现在某人需要救急的时候，平台能够把救急钱及时输送给需要的人。流动性管理得越好，这个平台就可以越大，平台倍增的价值就越多。今天，创造平台已经成为最大的产业，最大的生意。

维系平台是需要成本的。物理学定律告诉我们，速度增加N倍，所需的能量会增加到N的平方倍。每种平台都有一个最佳规模，超过这个规模，维系的成本就会剧烈增加，从而制约了平台的扩大。在互联网产生之前，没有哪种平台可以扩大到和人类社会一样规模。互联网的产生打破了这个限制。人类终于发现了一个边际效应递增、维系成本并不指数增加的平台，这个平台可以在合理成本内承载人类社会中几乎一切的关系。与人类社会完全匹配的一个网络平台因此诞生。这意味着人类社会的一切关系调整，都可以完整地在网络上完成后一次性映射到现实社会中，意味着人类社会无法试验的关系调整，也可以在网络上进行试验后再决定是否映射到现实社会中，从而避免了混乱的危机和无序流动的社会成本。

62. 共识与平台

平台是基于共识产生的。平台概念的适用范围如此之广，某个人似乎只要打开脑洞，把一些事物联系起来就可以说是平台了。不过，某个人认为的平台并不成为平台，只有平台所联系的大部分人达成了共识，平台才成为平台。划定一种结构，找到其可以称为平台的理由，成为人们的共识和遵守的规则，平台就出现了。可以说，共识就是最重要的平台。

共同的语言是一种共识。通过字典标准的定义，人们才能有可交流的语言，比如只有大家都承认字典中对圆周率的定义，大家才能够讨论圆的周长怎么计算，因此，字典算是一个共识平台。不过，光有字典是不够的，人们还需要通过大量的聊天，对字典没有定义的词汇和各种委婉的表达方式有了共识，才能进行深入的交流。比如说某人是“赛诸葛”，如果不参与中国文化聊天的人，是无法明白这个词表达的真实含义的。也就是说，各种各样交织在一起的聊天圈子也算是一类共识平台。

通用的逻辑也是一种共识。逻辑的共识平台比语言的共识平台要小很多，所以经常会出现这样的现象：对话的两人语言完全相通，但是却完全聊不到一块。甲认为不说也应该知道的应有之义，比如标准分为满分标准和及格标准、坚决执行与随机应变本是孪生兄弟、不惜一切代价不等于不计算代价，乙则可能完全没有这种认识，这不能怪乙，而是甲乙不在一个交流所需要的共识平台上。

信用也是一种共识。《徙木立信》的故事里，商鞅毫不犹豫地赏给把木头搬到北门的人五十镒黄金的巨款，就是为了让百姓形成共同的认识，即凡是他发布的命令都是有信用的。这信用就是商鞅变法赖以推行，也就是变法的法令得以畅通流动的平台。

信用平台是一切平台之上的平台。平台是一块公地，每个人都希望平台是公平的，每个人都希望自己能从平台获得最大利益，为此，不惜采用违反平台公平性的行为，这就是公地悲剧。信用就是把平台人的行为和自然人的主体捆绑到一起的信息记录，使得平台人失当的行为会导致自然人的主体受到平台的惩罚，从而约束自然人利用其平台人的身份破坏平台的企图。

平台是流动的，越有价值的平台流动性越大，越容易被破坏，破坏行为越难被追究，就越需要更高效率的信用平台进行保障。长此以往，很自然的，信用平台就取得了驾驭其他平台的优势地位。因为互联网是最高效的，以及只有政府才能真正地把信用追踪溯源到自然人，所以，数字政府的信用平台在形形色色的信用平台中又将居于核心地位。

63. 强大的平台

随着人们认识能力的增强，人们设想出越来越宏观的各类平台。平台在发展中不断变大而变强，作为平台组成者和使用者的个体变得越来越渺小。

平台越来越大，当然是好事；平台越来越强，则未必全然是好事。毕竟，平台不是绝对平的，尤其把平台和个体放到对立面来对比，那是绝对不平的。当然，我们可以说，怎么会对立呢，那是一种刻意制造的幻象。是的，如果平台仅仅是变大变强，这种对立就只是一种幻象，但是，如果平台不仅是变大变强，还由强变得霸道了，这种对立就是真实的了。利用平台和个体之间巨大的信息不对称滥用定价权，就是霸道平台的典型表现，它把平台和个体之间的依存关系变成了依附关系。

绝对的霸道伴生绝对的贪婪。平台是有管理者的，即使所谓去中心化的平台也是有规则制定者的，他们作为一个特殊的群体，居于平台的中心，时刻受到贪婪的诱惑。任何规则都有其适用的边界，当平台发展到足够大，规则肯定不再适用而漏洞百出，这个时候，不用做什么，仅仅告诉别人规则的漏洞就可以牟得暴利的诱惑，是任何管理者都难以抗拒的。而强大的平台的毁灭，无一不是毁于贪婪。

平台强大了，还有一个负作用，就是那些没有进入平台的个体将受到平台的驱逐。劣币占据了平台，良币就受到驱逐；洋布占据了平台，土布就受到驱逐。现代高度商品化的社会中，贫穷不再是因为懒惰或者缺乏一技之长，而是因为身在财富分配平台之外，穷者拥有的资源，从体力、脑力，到土地、空气，无法以合理的价格进入流通平台。而更无奈的是身在平台之外，又身不由己被平台支配。你可以不开车，可以不要道路，但是你无法逃避工业社会的卵翼；你可以不带电脑，可以不要网络，但是你无法逃避信息社会的支配。

第十六章　关于个体

64. 文化与物理学现象

发现自然界的存在之物，进行包装，表述出来，加以运用，改变人们，这就是物理。发现存在于人心里的存在之物，进行包装，表述出来，加以运用，改变人们，这就是文化。如果人心里的情感是自然界的存在，那么文化本就应该是物理的一种。虽然有那么一点不可思议，但事实上现在的诸多文化现象正在向物理学现象靠拢，具体的表现就是文化产品已经成为一种把人当成物理研究对象的综合学科的产物。

当我们用大量的数据“脸谱”来描绘人的喜好、性格的时候，当人与人的关系紧密程度成为拓扑图上的实线或者虚线的时候，文化和物理就已经接轨了，人已经不可避免地成为一种物理研究的对象了。

网络小说是文学还是物理学？如果它的创作导向是“读者爱看什么就写什么”，似乎还是文学。但是如果它的创作导向是“读者的眼球聚焦在哪个词，读者把哪一段话点击放大来看，读者在哪一页上停留了多少时间”，是依据眼球焦点、点击次数、停留时间这些物理参数，在计算机辅助下选择最优的词汇、情节和渲染，那它就是物理学了。

用物理学的方式开展文学创作，这是一个鸠占鹊巢式的黑色幽默，是对傲慢的文化的惩罚和校正。在傲慢的文化看来，经过文化包装的才是文化，经过文化包装的就是文化，而工匠们掌握的只是技术，农夫们操劳的只是生计。仅仅因为这种傲慢，这傲慢的文化的思想水准就高不过工匠和农夫。现在，程序员把文化还原到技术和生计的层面，少了些阳春白雪，却更加回到老祖宗对文化的定义了。

老祖宗对文化是怎么定义的？文，小、慢的意思；化，变化的意思。文化，顾名思义，就是慢慢地变化，就是细微变化的积累。如果变化是信号，文化就是对这个信号的低频部分在时间域上的积分。所以，文化本来就是人们从物理学现象联想到人自己，进而引申出来的概念。

人们需要变化，因为人们知道自己需要改变，改变带来进步。人们向往慢慢地变化，也就是文化，因为这种改变更加舒适、和谐和持续。很多很多的变化，百年后看是带来了进步，但是因为不够文化，所以留下了黑色的记忆。电子商务对传统商店的取代，远程教育对传统课堂的取代，都可能如此。现在，轮到文化自己了。那些作坊式的文化创作，被互联网的流水线的网络文化创作大潮所淹没。从历史眼光看这是进步的，因为大浪淘沙，在这大潮冲击下真正的精品是屹立不倒的。只是，这一切不要发展得过快，真正的文化，是需要以文化的方式造就的。

65. 制造体验

在人成为物理学研究的对象后，以人为本却诡异地回归了，表现在对个体体验的超级重视。

体验是什么？马斯洛需求层次理论的理性分析，把人类需求分为生理需求、安全需求、社交需求、尊重需求和自我实现等五种层次的需求。体验就是这五种需求被满足时的感觉。它是简单直接的感官的舒服程度，也是混合复杂的思维的快乐程度。体验把五种需求归一了，归一成在五种需求构成的五维空间中飘逸的一个任性的精灵。制造体验，就是用理性的手段满足感性的需求，就是要像追踪量子一样追踪体验，追踪这个任性的精灵。

制造体验就要制造通俗。哲学家整天考虑人类的思考方式，探寻大自然的根本规律，不屑于通俗。文学家整天构思艺术的情节故事，塑造蒙太奇的集体意识，欲俗还休。网络小说则直接把阅读变成了运用文字的计时型眼球按摩，实现了彻底通俗。

制造体验就要配合人的生物特性。人一日要三餐而不是一次吃三顿的量，需要每月领工资而不是每年，需要短期的激励而不是长期的回报，这些不是意识觉悟问题，而是人类的生物极限问题。就好比人闭着眼睛走路，向导告诉他前面是平坦的路，但是他越走就越小心翼翼越来越迟缓，直到迈不开腿：不是不信任向导，而是神经到了极限。

制造体验就要把握退出的节奏。假设不考虑价格因素，一辆车是不是越耐用越好？当然不是。如果车主的换车节奏是10年，那这辆车的使用寿命最好不要超过10年太多，否则车主换车的时候就少了一种恰当其时的体验了。当然，更糟的情况是车主的换车节奏是10年，可车却5年就不能用了。

制造体验就要装饰。装饰是对消费者的尊重，它给消费者这样的虚荣体验，就是买的不是一个满足生理的必需品，而是一个包含文化的艺术品。适当的废话有时是必要的装饰。要推销一个半分钟就能说清楚的简单观点，最好附加5分钟悦耳动听，其实牵强附会的大论。好比种子要包裹上厚厚甜美的果肉，才能让鸟儿愿意把它带到远方。要让听众享受一顿丰盛的思想盛宴，他才会开心接受你的任何观点。当然不要超过5分钟，也就是一首歌的长度。

制造体验，幸福是重点，而不仅仅是远方的希望。这是不是太奢侈了？不是。因为普遍的经验是，希望后面的失望经常比希望多得多。有条叫作“幸福大道”的路，依次被10块大石头截断了，你必须成功地把10块石头都搬走，才能真正体验到道路畅通的幸福。在最后一块石头搬走之前，你只有9次希望后面的9次失望。

制造体验，快乐是重点，而不是单一的效率。办事难固然是问题，但是办事不快乐更是一个问题。很多事情，如果过程是愉快的，多些环节、时间长点没问题。上班不能太远，但也不是越近越好，最好走15分钟的林荫小道再到达。出差固然要效率，但是如果快到没有旅途，也不是一件舒心的事情。甚至在一些极端的情况下，享受过程成了参与者的目的，目的成为给过程点缀意义、使过程更加有乐趣的工具。

66. 真实还是虚假

人的体验终将被极大丰富地满足，这不是遥远的事。这也是人类文明史上新的里程碑。但是，当人们发现人与外界之间的关系被工程学的成功所割裂和改造的时候，一切就不那么诗意了。自从有了自来水，人与河流之间的关系就被割裂了，浣溪沙也就只能作为词牌变成书本上的记忆了。

大数据时代，人们以为所看到的数据会更加真实、完整，这只是良好的愿望，事实并非如此。从古到今，历来都是道高一尺、魔高一丈。与数据收集分析能力的增强同步，对数据的操纵剪辑能力也在飞速增强，往往还遥遥领先。渠道被阻截侵蚀，数据被偷梁换柱，真假越来越难辨，真实和虚假最终成为可篡改的定义。正如爱德华•诺顿在《鸟人》里所说，“我在舞台上从来不装，但在舞台之外全是在装”。

人类96%以上的信息是通过视觉获取的。人眼的像素数量约6亿，也就是说，一个显示精度为6亿像素的虚拟现实头盔就可以完全地替代真实的外部世界。它可以为你定制最想见到的景色、人或者事，它也可以在你面前画出一道悬崖，使你一辈子都不敢迈出一步而成为困兽。

也许你可以引用林肯的名言“你可以一时欺骗所有人，也可以永远欺骗某些人，但不可能永远欺骗所有的人”来安慰自己。不过，历史的正义并不总有现实的意义。实际上，没有几个骗子是怀揣着“永远欺骗所有的人”的思想包袱去骗人的。“合适的时间和地点，合适的对象和收益”，这才是大部分虚假被制造出来的动机。即使后来人们发现是假的，假的目的已经达到了。作为一个产品，虚假在其折旧期内有足够的受众，就实现了它的价值。更有很多虚假从来就没有准备伪装自己，而是堂而皇之地作为一个符号超越真实。虚假，本身就是一种体验。

真假难辨的最大恶果，是人对本体意识发生致命的混乱。人的本体意识是这样的：触觉能到的地方（也就是皮肤包裹的地方）就是人体，人体中存在的是“我”。如果人通过虚拟现实自以为触觉能够达到100公里外，人会不会认为那100公里以外的也是自己的身体？这样的混乱，导致的结果就是人的本体意识失去了载体，而变成了一种游移的信号输入，“我”的感觉成为某个平台创造的一种体验。

第十七章　三生万物

67. 从二到三

人天生就习惯了二义思维，即选择用左手，还是选择用右手。从二到三，就是从二义思维到三义思维，意味着人突破先天的定式思维，迈向后天的自由思维。这是思维方式的重大突破，人由此打开了联想的窗口，引发了一系列的头脑风暴。

三义思维是这样的：如何学习？光学习还不够，还要练习，光练习还不够，还要实习。如何面对问题？光分析问题还不够，还要解决问题，光解决问题还不够，还要跳出问题回头总结问题。

从二义思维到三义思维，不一定是变复杂，很多时候是另辟蹊径，找到了解决棘手问题的办法。比如：每个人都难以克服自己的缺点，但是会比较容易看到别人的缺点，社会治理就是要通过别人看自己的眼光来推动自己克服自己的缺点。

从二义思维到三义思维，仍然就是辩证，不过是从静态到动态的辩证。动态的辩证分析不仅要对矛盾的对立面进行分析，更要自觉地找到矛盾之间的第三方。知而行，之间有学；学而知，之间有思。你可以说知行之间的学、学知之间的思本是应有之义，然而确实在人们的不经意间，这应有之义多半已经被忘记，所以必须把其作为第三方提出来，专门成为辩证的对象。

有个成语“举一反三”，这个“三”用得非常有意思，是三，而不仅是二，但是不用到四。到了三，然后依次迭代，人脑就开启了逻辑进化的模式。三生万物，当人们突破二义思维，发现还有第三义的时候，其实就本能地自然地联想到会有第四、五乃至更多义了。人类与动物的重大不同之一是发明了发明工具的方法，本质上就是从三开始循环迭代的思考方式和能力，说白了就是不断地联想。正是不断地联想，驱动人从动物的简单的快乐着悲伤着的大自然走出来，发展出一个复杂的但是仍然是快乐着悲伤着的人类社会。

68. 三段论

三段论是经典的逻辑范式。三段论是这样的：“A是B的子集，B是C的子集，则A是C的子集。”或者是这样的：“白马属于马，马都属于哺乳动物，所以白马属于哺乳动物。”三段论是很清楚、很正确的逻辑，但是只适用于极其简单的严谨的表述。对于稍微复杂一些的情况，三段论是很难简单成立的。

比如“白马属于马，马都属于哺乳动物，所以哺乳动物的共同祖先就是白马的祖先”，这句话是成立的，但是成立得很别扭。因为哺乳动物的共同祖先其实是白马的祖先的祖先的祖先，如此遥远的关系以至于已经超出了“祖先”这个词的语义适用的范围。又比如“这是一匹马，马都有条长尾巴，所以这匹马有条长尾巴”，这句话表面是成立的，但是其实是不成立的。如果这匹马曾经受过伤，尾巴断了，那么这匹马就没有尾巴或者只剩半截短尾巴了。

为什么会这样？因为按照三义思维，任何表述都是有条件成立的，无条件成立只是一种极端特殊的个例。还是这句话，“这是一匹马，马都有条长尾巴，所以这匹马有条长尾巴”，如果改成“这是一匹健康的马，健康的马都有条长尾巴，所以这匹马有条长尾巴”，也就是说，加上“健康”这个条件，表述就成立了。但是因为文字长度有限，大部分表述都省略了其成立的条件，所以也就留下了大量的逻辑漏洞。比如“苹果有安全标准，符合安全标准的苹果可以吃”，这句话成立的条件是这苹果真的是苹果树上长的苹果，而不是作为装饰品的塑胶苹果。

更典型的这句话，“我要做好事，这是件好事，所以我要做”，这其中就省略了太多的成立条件。“我要做好事”，我出于什么目的要做好事？“这是件好事”，这是件我做得到的好事吗？“所以我要做”，我要用什么方式去做？问题太多了！可日常生活中，我们却经常用这样的表述指导我们的判断和抉择，从而导致了太多的问题。

鉴于每句话都如此省略了自己成立的诸多条件，所以我们可以合理地推导出，“说的话越多，省略的就越多”，进而推导出，“知道的越多，知道自己原来不知道的越多”，再进而推导出，“内涵越丰富，越在更大的空间内不成立”。很多科学研究就是这样，当有关它的文章汗牛充栋、知识体系日趋完整、内涵极大丰富后，它却达到了这样的科学高度，即发现从前的所有表述都是错的。

69. 关系：第三者

假设有这样一个猜想，“任何有关系的两个事物之间都存在着第三个事物”，我们试着证明它：

关系是事物之间的相互联系，比如，矛盾就是一种典型的关系，它是矛盾双方之间的对立统一。随之而来的问题是：关系是事物吗？如果答案是肯定的，那就意味着：任何有关系的两个事物之间都存在着第三个事物，它就是关系。如果答案是否定的，那随之而来的下一个问题就是：关系要不要通过某种介质而实现事物之间的相互联系？如果答案是肯定的，那就意味着：任何有关系的两个事物之间都存在着第三个事物，它就是介质。如果答案是否定的，那就意味着存在一种不需要介质实现的相互联系，可惜的是到目前为止，我们都没有找到它。

如果把关系的定义引申为关系和其所存在的介质的集合，鉴于世界上任何事物之间都是普遍联系的，只是有直接、间接、间接之间接的分别，那这一猜想就可以进一步细化表述为以下几点：其一，只要有两个事物（两者），那至少存在第三个事物（第三者），它就是两个事物之间的关系；其二，把一个事物分割成两个事物，分割的同时就产生了一个新的事物，即两个事物之间的关系；其三，矛盾的某一方和另一方之间的相互观察和影响都是通过第三者进行的，任何矛盾的转化是这三者一起的转化。

古代人们用眼睛看物体时，认为眼睛是直接看到的物体；现在我们已经知道，眼睛是通过感知光才看到的物体。古代人们用耳朵听对方说话时，认为耳朵是直接听到对方说话，现在我们已经知道，耳朵是通过在空气中传导的声波才听到声音的。古代人们认为两个铁球直接相撞导致相互被撞出凹坑，现在人们已经知道，两个铁球间其实一个分子都没有撞上，而是通过能在空间传递的某种场相互施加了力。

人学习、思考、操纵的过程，分成三个层次。第一层次是面向事物的过程；第二层次是通过关系面向事物的过程，即面向事物之间的关系，包括人和事物之间的关系的过程；第三层次是通过关系面向关系的过程。比如人的商业活动，卖出商品属于第一层次，把商品作为联系消费者的纽带属于第二层次，通过和消费者建立文化关系引导消费者采购商品建立关系属于第三层次。

所谓格物自知，也就是人通过一个物作为第三者去了解自己。第三者可以是自然存在的，也可以是刻意加入的。你看到一个令人称奇的一手新闻，是不是很激动？且慢，这所谓的“一手”新闻，实际上是新闻传播渠道根据你的喜好为你定制的。也就是说，渠道是隐身的第三者。

充斥着我们世界的最大的第三者，就是我们的感官世界，它横亘在我们的主观世界和自然世界之间。人们多少的努力，都是试图摆脱这个第三者去了解外部世界。文学试图摆脱感官世界的干扰营造一个纯粹的主观世界，它深邃得没有任何色彩。自然科学试图穿越感官世界的隔绝告诉人们真正的外部世界是什么模样，总之不是你看到的那个样子。

第十八章　战略分析三步法

70. 战略与战略分析

战略是什么？安德烈•博福尔在《战略入门》一书中认为：战略是“行动的思想”，是“两个对立意志使用力量解决其争执时所用的辩证法艺术”。

与一般所说的规划相比，战略的以下三个特征更加明显：一是对抗性。战略的目的是赢得与某个对手、某个标杆或者某个问题的竞争。围绕这个目的，根据手段的可行性，确定合适的战略目标和阶段性目标。二是预见性。战略要在局势明朗前的混沌中做出正确的决断，通过灵活机动的部署应对不可预见的情况，通过比对手更早地预见形势的变化来掌握全局的主动权。三是思想性。战略对内要通过思想的激励使得执行者能够主动创新、灵活机动，对外则要通过思想的传播集聚资源，实现广泛联合。

战略就是尽可能地考虑可能发生的变化和细节，“把事件加以整理，将它们按先后次序排列，然后再选择最有效的行动步骤”（安德烈•博福尔《战略入门》）。当然，对未来，没有人能100%考虑到。但是当你考虑到足够的程度，比如80%，你就具备了应对那未考虑到的，或者说意外的20%的能力，即随机应变、因势利导的能力。

战略就是提炼几个原则，在行动中不断运用和锤炼这些原则。原则不一定是遵守什么的叙述，也可以是自问的问题。比如，是不是贯穿了以人为本的主线？创新是不是真的有长远价值？真的理解自己所做的事情吗？是不是考虑了考虑不周的风险？等等。

战略就是反复地多角度推演。开始时，越推演会越复杂；后来通过合并同类项，又会逐渐清晰而简单化；当然，再后来，随着新的情况的出现，推演又会再次复杂化。不管这从复杂到简单再到复杂的周期如何长如何短，有一点是肯定的，就是越是针对宏大的格局，战略就越是要定型到简单。

战略就是要把过去的偶然变成今后的必然。历史就是适者生存、优胜劣汰的进化，任何人能度过过去、站在当下，都是小概率的成功事件，其中必然遵循了一些正确的原则，虽然当时并没有明白这点，所以说过去是一种偶然。战略就是要把过去成功中的要素提炼出来，变成自觉的理智、自然的常识，努力实现今后的必然的成功。

战略还是一种渲染的艺术。历史上的任何进程，不论是智人走出非洲，还是灰松鼠登陆不列颠，不论是泰加林向西伯利亚冰原的推进，还是北雁深秋的迤逦南行，如果笼罩上深思熟虑的外衣，俨然里面就是战略。这种艺术的渲染对于战略的实现特别具有现实意义，因为一个能实现的战略，首先要是一个能打动人心的故事。

一个行动体，当它达到一定的规模，战略的缺乏就是核心竞争力的缺乏。切记：天天在进步，不等于能够赢得胜利，拥有一切厚爱资源，不等于有善于使用的智慧。如果缺乏战略思考，不成为善于利用资源的主动者，就会成为被别人利用的资源。

战略是战略分析的产品。

战略分析不是一蹴而就的，它既是一个形成战略的思考过程，也是一个不断检查和改进战略的思考过程。思考过程中充满着对“现在怎样，未来将怎样，如果这样做，结果会怎样，如果不这样做，结果又会怎样”的想象和反复推演。尤其是今天以互联网为角斗场的竞争，节奏如此之快，每天都有新的格局，每天都要对战略进行重新推演。那个请战略咨询公司做一个研究报告就可以管三年的时代已经永远过去了。

如此繁复的脑力劳动，强度之大，令人望而生畏。因此我们需要有好的工具来帮助我们思考，也就是要有一套好的战略分析方法。这套战略分析方法应该符合人自然的思考方式，因为自然的才是愉快的，愉快的才能持之以恒。这套战略分析方法还要足够的简单、足够的轻便，使得思考者可以“把其放在口袋里”随时随地去衡量新事物新现象新机会，做到因势而导、因时而动、因事而制、因人而异，进而熟能生巧、融会贯通，由简入繁构造出复杂的战略体系。

诸如“获得经验、对经验进行思考、用思考指导实践”“站得高、看得广、想得深”“走一步、看两步、想三步”“先看路、再走路、边走边看路”等等三步递进式的思维方式，既是人们自然的思考方式，也非常的简单轻便。下面我们就采用这种方式，以信息化为对象，尝试构思一套战略分析方法，具体分为宏观分析、路径分析、方法分析三步。

71. 宏观分析

宏观分析的目的是树立格局观，摆正自己在这个格局中的位置，进而确定正确的目标。隆中对，就是诸葛亮为刘备做的宏观分析，让刘备有了战略构想；

马植归宋，献“联金灭辽”之策，宋朝君臣打开了格局观，但彻底地没摆正自己的位置；明清闭关锁国，死抱着天朝乃世界中心的自大不放，最后沦为陈腐。

今天，在互联网造就的地球村里，各种资源要素全球流动，即使位居偏僻的山村，也可以在大数据支持下，掌握全局、运筹帷幄、调度自如，所以宏观分析必然要面向全球格局，必须是国际战略分析。

①有广度的学习。

国际战略分析，要学习全世界各时间、各空间、先进的、落后的、技术的、社会的等各方面的知识，尽可能广泛地掌握人才、技术、信息、资金、市场等各要素的分布，目的是构造多维度的资源观，对一切现实和潜在资源的分布、转换、价值、获取办法等做到了然于胸。

所谓多维度的资源观，就是把一切可以筹措、交换、量化的因素都作为资源去重视和利用，把战略行动的过程作为一个获得资源、选择资源、投放资源的过程。诸如方法、时间、注意力、规则、用户、信用、文化等等，都是信息化领域重要的资源。比如，Facebook以190亿美元高价收购WhatsApp，收购的与其说是WhatsApp的4.5亿用户，还不如说是为了购买自己在移动互联网时代不被颠覆的概率。也就是说，“概率”也是一种可以交易的资源。

②有高度的观察。

国际战略分析，要观察国际各种组织、规则、力量的运作、消长，目的是掌握国际竞争格局和变化趋势，以及其中蕴藏的机遇和风险，进而形成规律性的认知，努力使规律的能量为自己所用。

比如，信息化领域就有这样的一些趋势：硬件价格向成本看齐，取生产者能够承受的低值，软件价格向体验溢价，取消费者愿意支付的高值；信息接收者成为新的信息源，亿万人参与信息加工，传统媒体走向消亡；快鱼吃慢鱼，流动摧毁垄断，传统行业的“雇佣军”反客为主改变传统行业的分工；等等。

为什么互联网经济比传统经济有代际优势，为什么虚拟经济注定会凌驾于实体经济之上，其中的重要原因就是互联网经济和虚拟经济的行业本色之一就是观察。互联网经济和虚拟经济的从业者，只要入了这行，就会把观察作为要务，而且会自然地越爬越高，努力高过别人的头顶去观察。

③有深度的思考。

国际战略分析，就要在与国际的广泛对比中找到自己的特色，挖掘自己的优势。事实上，找到自己的优势并最大化，往往是弥补劣势、克服弱点的最有效手段。

比如：我国的互联网和移动互联网用户已经世界最大，而且因为商业、银行体系的落后，人们对网络如此渴求，使得中国电子商务比国外有更迅速的发展，这就是优势。

做好国际战略分析，关键是要以历史的辩证的眼光，不断扩展和变换视角进行对比。多比较一下左右，多看一看前后，多问一个为什么，多想一想然后又怎样。比如：很多地方都提出要学习硅谷，包括硅谷的诸如创新精神、风险投资、校企合作、优美环境等等，甚至提出要复制硅谷模式。但是，我们必须看到，今天的硅谷和50年前的硅谷是完全不同的。我们学习现在的硅谷，学到的其实是当今强大的硅谷所主导的行业规则。而要学到由弱到强的发展经验，我们可能还要学习50年前的硅谷。这就好像同样是贫穷地区向富裕地区学习，有些学到的是富裕地区人们现在的生活，于是回来搞起了休闲俱乐部，有些则学到的是富裕地区的人们当年如何的勤学勤劳、科学经营，于是回来搞起了实业。

72. 路径分析

路径分析的目的是设计前行的路线，以及与路线相匹配的队形，并在路线、队形、速度等之间做好调度。

在今天复杂多维的经济社会体系中，可自由行动的范围如此之大，竞争在不同维度同时展开，越是高明的战略越倾向于选择间接的路径，以达到借假修真、四两拨千斤的效果。可以说，路径分析就是间接战略分析。直接战略仍然存在，但它只是间接战略的一种特例，而且存在这样的危险，即自以为是的直接战略往往会沦为别人的间接战略中的直接部分。

找一个刚需和用户建立连接，进而把用户的一切连接进来，然后通过增值服务赚钱；免费打开市场，羊毛出在猪身上；学校的目的就是把学生教好，但是路径是让老师乐教；医院的目的就是救治病人，但是路径是让医生乐业：这些都是典型的间接战略。

做好间接战略分析的关键，是不断突破旧的定式，更全面地认识事物之间的普遍联系，从中找到积极的相关性并有意识地把它们进一步联系起来。同样一台计算机，如果和生活联系起来就是生活资料，和学习联系起来就是学习资料，和生产联系起来就是生产资料，和其他计算机及其背后的人联系起来，则可能把其他计算机和其背后的人变成自己的生产资料。公司员工使用微信上瘾，管理者把这种现象和降低工作效率的担心联系起来，那就会导致控制和矛盾，如果把这种现象和改变工作方式的潮流联系起来，那就可能顺势实现创新和提升。

间接战略分析的主线，就是灵活运用正奇、分合、迭代的方法，设计通向战略目标的路径。

①正奇。

《孙子兵法》指出，“凡战者，以正合，以奇胜”，即相持以正、出奇制胜、正为奇守正、奇为正取胜。正奇之间是辩证转换关系，奇为正之奇，正为奇之奇，正奇各自又可以再细分为正奇。

信息化时代之激动人心之处，不在于常青树，而在于新生代的迅速崛起，以及丰富的出奇制胜的案例。如果说电信IMT技术是正，无线局域网络Wi-Fi技术就是奇，GSM技术是正，CDMA技术就是奇，产业巨头是正，互联网草根就是奇，创造环境是正，改变自己就是奇，适应市场是正，创造市场就是奇，反之亦然。对于改进管理这个命题来说，运用信息化就是低成本制胜之奇，阿里巴巴关闭一家不诚信的网店，显然比工商局给商铺贴封条容易得多。

一切皆有正奇。当自以为是唯一正道的时候，其实就放弃了以奇取胜的可能。

②分合。

分，即分兵几路并行前进以更快速机动灵活地通过阻碍；合，即集中力量合击突破关键点。“凭尔几路来，我只一路去”，把握好分合的节奏，这是努尔哈赤取得萨尔浒大胜的关键。

互联网领域，分合往往按照分、合、再分、再合四个节拍演进。分，就是并行，发挥各方面主动性，鼓励自发自觉的创新；合，就是聚焦，把多方面积极因素结合起来实现某个要点的突破；再分，就是衍射，扩大效益，以点带面，带活全局；再合，就是综合，把各方面效益结合起来实现价值升华。

③迭代。

迭代，用公式表示就是 N=N+1 。其中N是存量部分，代表继承，+1是增量部分，代表创新。

迭代是发展、融合两个阶段的循环进化。第一个阶段是发展，这个阶段N—>N+1，即在存量N基础上创新，获得增量+1；第二个阶段是融合，这个阶段N+1—>N，即原来的存量N和新的增量+1融合后成为新的存量N。

在信息化领域，任何现状都是N，没有绝对的正负好坏之分。不断创新，流水不腐，负资源可能盘活；创新停滞，木枯生蠹，正资源也成包袱。

正奇、分合、迭代的提法，并不是什么新鲜的创造，其实就是对立统一、质量互变、否定之否定这辩证三定律的拓扑化、数学化进而可程序化的表述。通过这种表述变换，程序员得以把辩证变成无穷可执行的代码，从而攀上哲学家占据斯久的山巅，在皑皑白雪中挑战哲学家未能到达的那一片灰暗之域。

73. 方法分析

方法分析的目的是确立行动的战术原则，避免细节上的失误，锻造执行力。

本来，方法分析是战术层面的，不应放到战略层面讨论。但是，今天互联网的一个普遍规律，就是微观现象重复发生、迭代式增长，从而迅速流行，在短时间内通过自组织、自适应、自进化形成大规模的生态，发展为宏观现象。这种微观宏观之间迅速的辩证的发展转换提示我们，信息化时代的战略应该是兼顾宏观、微观双向创新的战略，既要支持创新从顶层向基层的扩散执行，也要支持创新从基层到顶层的汇聚。所以，互联网时代的战略分析，要包括方法分析，也就是微观战略分析。

微观战略分析的主线，就是在战略分析阶段落实慎微的要求，全面制定一系列指导和规范组织、模式、思维、行动等的战术原则，构造一套既能确保执行力又能支持基层创新的机制。比如：

①化繁为简。

简单才能坚持，尤其在现代快餐型社会，简单的思路，尽可能用简单办法解决复杂问题，往往更容易被人们接受。

②可视化。

可视化能极大地提高信息表达的效率，放大用户的体验。我们不应该忘记，信息接收的最终端不是设备，而是人的大脑。

③合理的分工。

分工提高效率，推动增长。合理的分工促成合作，产业链上的分工创造新的行业，人与人的分工保证专注。人人推进信息化，不等于人人都建信息系统，应该有的负责建，有的负责用，建的建好、用的用好，这才是合理分工，才能释放信息化的活力。

④正确的次序。

安排好每一个事情的先后时间阶段，每一个阶段安排好不同事情的主次。比如决策这件事情，在付诸讨论的阶段之前应该先安排构思细节的阶段。

⑤快速的联合。

决策者要时常权衡三个要素，即价值value、成本cost、风险risk。这三个要素中，风险是最难把握的，而降低风险最基本的办法就是广泛而快速的联合。

⑥持续的原动力。

任何战略的执行，都必然会经过一些困难、孤独、寂寞的阶段，如《木兰辞》中那般“旦辞爷娘去，暮宿黄河边，不闻爷娘唤女声，但闻黄河流水鸣溅溅。旦辞黄河去，暮至黑山头，不闻爷娘唤女声，但闻燕山胡骑鸣啾啾。”要坚持住，越过这些阶段，必须有长期持续健康的动力。

做好微观战略分析，关键是对人性的分析。人是战略执行中最重要的资源，要分析人性、尊重人性，把握好人性的客观表现规律。人性是复杂的，是建立在人的生物属性和社会属性上的主观的、客观的、心理的、生理的、不同层次的各种需要的结合，而且经常表现出与人们直观判断截然不同的特点，需要战略分析者认真斟酌。比如，就有研究表明：因为人的专注性和耐性是有限的，所以联合起来反对一件事情是相对容易的，联合起来达成一项建设性任务却是极为困难的，等等。

做好微观战略分析，要辅以工程学的严谨组织方法。严谨的组织，才能架设起宏观和微观之间畅通的桥梁，才能把宏观的战略分解为有效的执行，才能使微创新有效地重复发生而聚合为宏观的成果。比如，我们在叙述何为正确的次序的时候，往往用“先做什么，再做什么”的文字加以表述，而工程学的阐述则应该是“先开始做什么，再开始做什么”。又比如，我们常说以蠡测海是狭窄片面的，无法形容和描述海的广阔，但是如果用严谨的工程学把蠡锻造成为标准的度量衡单位，那么以蠡测海就能、也才能真正精确地测量海的大小。

74. 战略之变

兵无常势、水无常形，机动灵活是战略的灵魂。战略的目标、路径、方法等要素，总有一些在执行中要不断地调整变化，或者在选择中跃迁变化，甚至在淘汰中脱胎换骨地蝶变。关于为何变化、如何变化、如何把握变与不变的探讨，是永无止境的。

世界在变，战略得变。第一代iPhone于2007年1月9日发布，这之前谁也没有想到智能手机会这样快地造就一个如此巨大的移动互联网。但是，事实已经发生，世界已经变化，所有的信息化战略如果不纳入移动互联网已经不配为信息化战略了。

对抗中，随机应变。有个富翁家里老有小偷光顾，值钱的首饰摆设丢了不少。于是富翁打造了一个大铁箱，配上最好的大锁，把值钱的东西都锁到铁箱里。小偷夜晚又来光顾，面对铁箱无计可施，悻悻离去。这事让大盗知道了，哈哈大笑，晚上带着手下闯进来，直接把铁箱抬走了。道高一尺、魔高一丈，任何战略都不是完美的，会为对手乘隙，任何战略也是双刃剑，会促进对手的进化，所以自己必须随之而变、永无止息。

由简入繁、由繁到简，也是变。大凡战略刚开始的时候总是简单的或者说是简洁的，然而随着执行，随着随机应变，很自然的，战略会变得复杂，这是战略成长的必然。繁必然导致滞，这是战略成长的烦恼。所以，必须有意识地不断对战略进行删繁就简，至少要做到归纳分层，保持核心部分的精练高效。这自然地由简入繁和自觉地由繁到简，也是变。

反其道而为，是辩证之变化。“标准先行？”对，也不全对。实际上，成功应用后才能有真正可行的标准，一个成功的应用就是一套有效的标准。“要有完整的技术解决方案？”对，也不全对。复杂的系统往往不是一蹴而就设计出来的，而是由成功的主干业务扩展而来，它是一个成长的过程。“先整体设计，再逐步细化？”对，也不全对。清晰的设计书一般是采用先整体后细化的逻辑阐述成文，但是真正优秀的设计，它的形成过程往往是双向推演的过程，是整体细化为个体、与个体归纳成整体两个推演逻辑不断找寻最佳的平衡点的复杂的演进。

变与不变是相互支持的硬币的两面。为了支持不变的信心、决心和态度，就必须有机变的战略、战术和方法。长平之战中，当赵括率领40万赵军转守为攻、渡过丹河出击的时候，当然是抱着必胜的信心、一定要赢的决心以及不惜生死的态度的，但是当支撑这些的是僵化傲慢的纸上谈兵，而不是实事求是的机动灵活时，一切都只能“无可奈何花落去，徒留哀怜在人间”了。

“一切理论都是灰色的，唯生命之树常青。”大道无形，大道无情，胜负之变，存乎一心。

第十九章　关于模式

75. 思维的维度

模式，就是思维方式在实践中的投影。不同的模式源于不同的思维方式，比如“凡人畏果，菩萨畏因”，就是不同的思维方式。我们现在所有的思维方式都是过去每个时代产生的新的思维方式的累积。研究模式，就要研究思维方式；研究思维方式，就要研究新的思维方式的产生。

新的思维方式如何产生，过去要依赖哲学的启迪，或者深思后的顿悟。现在，信息学为我们提供了一种通过拓展维度来创新思维的工程范式，使得思维方式的创新不再依靠睿智和灵感，而是一种可以模仿、可以训练的技能。

回首看一看无线电信号调制技术和频谱复用技术的研究发展历程，从时分复用到空分复用，从频分复用到码分复用，就是从时间维拓展到空间维、从频率维拓展到编码维的进程。这技术进程貌似复杂，其实逻辑十分简单。就好比在一个房间里，如果想听清楚三个人说话，应该怎么办？第一个办法，是让三个人一个一个接着讲，这就是时分复用。第二个办法，让三个人站在听众的不同方向说，这就是空分复用。第三个办法，一个用普通语调说，一个降低语调说，一个升高语调说，这就是频分复用。第四个办法，一个说英文，一个说中文，一个说日文，这就是码分复用。当然，第一个办法最简单，但是效率太低，而且有些人说起来没完没了，下个人根本轮不到。其他三个办法效率高，但是对听众的辨别能力有一定的要求。所以在实际中，四个办法会结合起来使用。这里，每个办法就对应一个思维的维度，分别是时间维、空间维、频率维、编码维。这四个维度每个都是立体的坐标系，同时又相互交织，形成了一个复杂但是逻辑清晰的思维空间。

基于时间的思维维度是人天生就具备的，基于空间的思维维度听起来好理解，但是并不是人皆有之。2005年11月，国际电信联盟ITU在“信息社会全球峰会”上公布了题为“物联网”的年终报告，报告第一作者劳拉•斯里瓦斯塔瓦说：“我们现在站在一个新的通信时代的入口处，在这个时代中，我们所知道的因特网将会发生根本性的变化。因特网是人们之间通信的一种前所未有的手段，现在因特网又能把人与所有的物体连接起来，还能把物体与物体连接起来”。这番话就充满着维度开拓的思考，把网络从人—人的一维，拓展到人—人、人—物、物—物的三维。

频率维就比较抽象了。当甲关注乙的笔是否漂亮的时候，乙关注的是笔能不能写出好字；当甲关注乙的字是否漂亮的时候，乙关注的是字组成的文章好不好；当甲关注乙的文章是否漂亮的时候，乙关注的是文章能不能传播出去。这里，甲关注的是物体的外观属性，也就是信号的低频部分，而乙关注的是物体的工具属性，也就是信号的高频部分。显然，乙的频率维空间比甲的频率维空间大多了，如果两人各领一公司在互联网上竞争，甲的公司有太大可能被乙的公司降维打击了。

编码维就更抽象了。可以这么近似理解，就是每种编码就是一种固化了的思维方式，人可以通过联想、学习、组合等方式形成新的思维方式，这新的思维方式就扩展了编码维的思维空间。比如：古代没有有限责任公司的概念，人的私有财产和经营资产是不分的。经营亏损要由生活资料来偿还，甚至父债子还，这是天经地义的固化的思维方式。但是后来人们发明了有限责任公司这种概念，改变了固有的思维方式，扩展了思维空间，释放出了巨大的社会生产力。

76. 坐标变换

把思维空间维度化后，模式创新就变成思维在思维空间运动方式的创新了。诸如逆向思维、发散思维、图形思维、跳跃思维、全流程拓展性思维等，其实都是不同的思维运动方式。商业从以物易物的交易模式，变成以货币为中间媒介进行买卖的交易模式，就是思维从直线运动方式到折线运动方式的变换。而把商品从以件为单位计量到以元为单位计量，就是思维从按数量坐标轴运动变成按价值坐标轴运动。

思维在坐标轴之间的跃迁或者说坐标变换，是一种更大胆的创新，如果得当，将是处理复杂问题的一种捷径。傅立叶空间变换是时域坐标和频域坐标之间的变换。做一次傅立叶变换和反变换的成本并不低，对于做简单信号计算是得不偿失的，但是对于复杂信号处理，这个一次性的成本就很值得了。O2O是网络虚拟坐标和客观现实坐标之间的变换。O2O的一次性成本，即从线下到线上的上网和从线上到线下的落地成本是很高的，对于一个小社会是没有必要的，但是对于一个复杂的大型社会，效益就非常显著了。也就是说，坐标变换是需要很大的成本的，但是合适的变换会产生递增的效益或者效应。合适的变换甚至能逆转长期的趋势，比如，频域上有限的信号对应的通常是时域上无限的信号，而时域上有限的信号对应的通常是频域上无限的信号。

当然，也有一些坐标变换是简单被动的，是发生了质量互变后，也就是思维运动到了坐标原点后必须做的彻底的转折。比如产品的物质属性和文化属性消长到一定阶段，产品就不再是原来的产品了，广告也不再是简单的为了促销，而是在为产品注入文化内涵了。或者说，这时的产品已经不是“纸”，而是“书”了，值钱的是书中的文字。当发生了这样的质量互变后，我们对产品的思维方式就必须要转折，要重新定位了。

77. 模式之动

管理大师德鲁克指出“真正重要的不是趋势，而是趋势的转变”。同理，因为趋势的转变也是一种趋势，所以真正重要的不是趋势的转变，而是趋势的转变的转变……思维就是如此往复运动着，从而推动模式也不断地创新。

我们听到过很多关于模式创新的格言，比如：“我未必做得好，但是我能帮你做得更好”“我就是那个‘0’，单独我一个什么都不是，但是把我加在‘1’后面，我能让它增值10倍”“我一定要努力奋斗当老板，当不了老板就当老板娘，当不了老板娘就当老板的娘”，等等。这些格言每时每刻都在告诉我们模式创新的趣味和价值。

盘国语话：鱼竿和鱼

主：这有一根鱼竿和一条大草鱼，你选择要鱼竿还是要草鱼？

之：我要草鱼。

主：太短视了。你不知道“授之以鱼，不如授之以渔”的道理吗？草鱼再大，能吃几顿？而有了鱼竿，你每天都可以去钓很多草鱼。

之：这草鱼大概二十斤，还是野生的，我拿到东市酒家可以卖500元。我再拿着这500元，到西市市场买两根鱼竿、一桶鱼饵后，还可以剩100元，足够雇个小孩去湖边钓一天鱼。

主：之……

我们也知道很多模式一旦固化会带来很多问题。比如100万就是100万个1的累积，大问题要分解成小问题一个个去解决，这是正确的模式。但是，股票1股值1元，100万股就值100万元吗？未必是。为了称大象的重量，把大象砍成一块块肉块去称，行吗？肯定不行。现实生活中，这些“未必是”的推理和“肯定不行”的做法屡见不鲜，就是因为模式被固化，不能因地制宜。

既然模式永远在创新，一旦固化就会带来问题，何必还要有模式呢？或者我们可以套用一个流行的语法“没有模式就是最好的模式”？当然不是这样。任何时候，我们需要模式的理由都多于不需要模式的理由。

模式是经验的总结：它是前人走过的路，你可以去没有路的地方探险，但是先要有路把你通达探险处。模式是约束性的保护：它是悬崖边的护栏，你可以不要护栏，但是你不能失去自律。模式是一种内敛的修炼：你可以向往摆脱模式的局限，但是你首先要在模式中学会条理。

不懂模式，怎么懂如何突破模式？先模式化，然后打破模式，这就是基于模式的运动方式，这就是关于模式的辩证。

第二十章　关于状态

78. 混沌之势

状态是什么？是事情的状况，还是过程中的形态？这些解释比“状态”两字本身更晦涩难懂。

还是用“方法”做对比，探讨一下“状态”更实在。方法是术，状态是势；方法是按次序发生的一连串动作，状态则是稳定而持续的一种存在。方法被忘记就失去了，状态却恰恰在不知不觉中发挥作用。往池塘里注水时，人们看到了水花和涟漪，水花和涟漪终究会消失，但是被抬高的池塘的水位不会消失：这里的水花和涟漪就是方法，水位就是状态。

状态是我们的一种主观境界。生活同样富足了，有些人是小富即安，有些人是知足常乐，这就是不同的状态。

状态对我们应对外部世界的挑战具有非常现实的意义。它能帮助我们坦然面对眼前的未知，也能帮助我们适应大自然的混沌。

科学家知道得越多，知道自己不知道的越多，但是因为具有了理性的状态，所以能够保持平和。黔境的老虎第一次见到毛驴，开始是惊慌失措，几次试探以后就恢复了镇定。短短时间老虎难道就能断定毛驴除了撅蹄子外，没有藏着什么杀手锏？当然不能，关键还是老虎找回了自信的状态。

费米问题中，费米用非常少量和不精确的数据，经过多次估算，最后比较准确地推测出芝加哥的钢琴调琴师数量。这里面的关键是每次估算之间的误差实现了相互抵消。要做到这一点，没有什么好方法，全靠计算者建立在综合素质基础上的一种近似直觉的状态。当这状态贴近自然的混沌逻辑时，计算者的没有理由的直觉依次连接起来，能导向一个越来越符合客观事实的结论。

再比如这个例子：101人比赛跑步过独木桥，如果选择快跑会有1%的概率落水。1%的落水概率并不大，于是100人选择了冒险快跑，只有1人选择稳妥慢跑。比赛结果不出意料，前99名都是冒险快跑者，稳妥慢跑者稳居最后1名。很多重大的选择，人生只有一次，你是选择冒险快跑，相信自己不是落水的那1%，还是选择稳妥慢跑，甘于做最后的那1名？这个问题是无谓的，只能作为一个性格测试，在指导行动的层面没有实际价值。人们习惯于把一些现象孤立出来，来计算它们发生的概率，并作为确定自己选择的准绳。事实并非如此简单。世界上各种现象之间的关联如此普遍，远远超出了我们基于方法的思考能力。我们认为的孤立和随机，未必是真的。甚至概率本身也未必是依附于不同独立现象的一种数字表达，而可能是一种通用的有限的资源。我们在精心计算概率的时候，并不能增加概率的总供给，而只是此起彼伏的一种资源调度。所以，“很多重大的选择”中这“重大”成立的概率，“人生只有一次”中这“只有”成立的概率，和你会做什么选择的概率，以及这个选择会不会导致你落水的概率，其实是相互牵制的。当你作出了冒险快跑的选择的时候，可能这事情已经不重要了。

鉴于我们的认知如此有限，我们只有依靠不依靠认知的状态去适应这个概率统治的随机世界。

79. 可求而不可悟

状态是可求而不可悟的。

可求就是我们可以通过主动的作为达到某个我们认为的状态。比如：“熟读唐诗三百首，不会写诗也会吟”“读书百遍，其意自见”，这是达到熟能生巧的状态；“行到水穷处，坐看云起时”“遍历所有的知识，然后忘记它们”，这是达到忘我见空的状态；面红耳赤地激烈辩论，谁也说服不了谁，忽然发现双方虽然观点迥异，却原来是天涯同路人，这是达到和而不同的状态。

两只青蛙

有一天晚上，两只青蛙来到一家牛奶厂。它们蹦蹦跳跳地四处游荡，一不小心掉进了一个装了半桶奶的牛奶桶。

它们游来游去，想要出来。但牛奶桶里面太滑了，没有可以让它们借以立足再跳出来的地方。一只青蛙觉得继续游下去也没有用，便放弃了希望。于是，它沉了下去，很快就淹死了。

而另一只青蛙继续在桶里游，希望事情会有转机。它游啊游，直到筋疲力尽。就在这时，桶里本来就饱含奶油的牛奶开始变稠了。原来，当青蛙不断在桶里游的时候，奶油得到了充分的搅拌而凝结出了一块黄油。

于是，这只青蛙爬上了这块黄油。稍事休息之后，它从这块黄油上轻松地跳出了牛奶桶，终于又安全了。

（摘自英国“自由不列颠网”）

《环球时报》(2005年2月7日　第22版)

我们就好比这故事里跳出来的青蛙，只要持之以恒，总能达到某个状态。

但是，状态终究还是无可悟的。我们虽然对状态赋予我们的感觉似乎总能够饱怀情怀、言之凿凿地说个半天，但是扪心自问，谁能够把状态的精髓说清楚呢。所有的关于状态的表述都难脱云遮雾罩的半遮半掩，那种欲言又止的不是忸怩作态，而是真真切切的“词到用时方恨少”。这是因为状态的精髓是无法用语言描述的。既然无法用语言描述出来，无法说给自己听，就谈不上悟了。

状态似乎产生于一切常识、一切辩证、一切文字和一切数字产生之前，是一种自然的混沌而不是修炼，是一种蒙昧的天真而不是雕琢，是一种睿智的无知而不是通达。

一切尽言都不中，忽然又觉得一切尽在不言中。

80. 状态之静

自从有了路，人就习惯于在路上行走，走过身后，走到眼前，走向被设计的远方。自从有了语言，人就习惯于被语言包裹着行走，被语言带了过去，带来现在，带向被设计的未来。

从我们牙牙学语开始懂事，我们就这样被语言驱动着，有时候驱动着语言，在思维中行走，在社会中行走，在时间中行走，从未停止。越是启蒙，越是清醒，越未停止。

语言如此强大，它承载了思维，造就了社会，超越了时间。一个具体的例子就是，我们用语言，用浮想联翩的文字和貌似严谨的数字，创造出信用这一概念，成功地刻画在每个人的思维里面，造就了现代的经济体系，它最成功之处就是帮助我们把属于未来收入的钱，折现到今天来使用，完成了对时间的超越。

语言虽然强大，但是终究有限。其词汇之有限、其运转之低效，经常让我们觉得抓狂。更有很多时候，其会让我们觉得思想变嘈杂、空间被束缚。于是自然的，我们想体会一下不用语言思考的滋味。

当然，我们无法刻意地忘记语言，我们也无法回到语言产生之前的那个世界。但好在，我们发现，有时我们会前进到这样的一些节点，在这些节点上语言似乎如青蛙脚下的黄油般凝固了，但是我们还能够思考，甚至能够更自如地跳跃。

这些节点，就是某种状态。

在这些节点上充满了语言，所以我们的思想并不空白，但是却觉得没有说的需要。书越读越薄，不是书真的变薄了，而是需要用语言说给自己听的部分消失了。策略从复杂到简单，不是策略真的变简单了，而是需要用语言说给别人听的废话少了。

在这些节点上，我们暂时地超脱了语言，得以从语言加于我们的思维的、社会的、时间的参照系中跃迁出来，从更本原的角度学习、观察以及感触。常识超脱于语言，因此避免了被操纵，辩证超脱于语言，因此避免了沦为诡辩。

在这些节点上，没有了语言的传动和噪杂，所以思想是静的。面对眼前的世界，仿佛知道了未来，却不想说出来，不是因为懒惰，而是因为和未来似乎有了默契。

状态就是守静。如果说模式是“知道该怎么做，有为遂成”，那状态就是“知道会怎么样，守静自达”。正如《礼记•大学》中所说，“知止而后有定，定而后能静，静而后能安，安而后能虑，虑而后能得”。

此时无声胜有声，默契胜过一切宣布和感言。

忆

依依游子意深重，
悠悠故人行已收。
往事如烟又如梦，
慢慢回忆不回头。

后记：不可预测的未来

“我写的，我也不懂。”

本书是关于大数据的常识和辩证的随想。进化就是从常识开始辩证，再通过辩证回到新的常识。如果不回到常识，我们将在辩证中迷失自己。

这是个重新想象、重新定义的年代，所有的词汇和语言都在重新定义中。本书不试图用精确的定义来澄清什么，而是希望用不精确的语言勾勒出一个关于数据思维的轮廓。很多词反复出现，比如“模式”，但我并不确定它的定义，我只确定它是一个变量，我可以有我的定义，我相信你已经有了你的定义。一万个人有一万种模式和对模式的理解，但是我们能够彼此包容。

我不知道这本书应该属于什么学科。但我确定这不是一本真实理性的书，甚至我宁可认为这不是一本书，而是一串用文字编写的代码，是希望能为人脑所调用的程序函数。尽信书不如无书，不识字的人受人骗，识字的人受书骗。为了过去，你可以继续相信一本书；为了未来，请不要相信这一串代码。

人的认知是这样一个三段的过程：该不该做—能不能做—怎么去做。本书忽略了该不该做的问题，认为能不能做不是问题，而怎么去做是永无止境的问题。总之，这本书没有回答任何问题，也没有做任何结论，因为它希望是思考的起点，而不是终点，或者是一个过程，一个笑笑的过程就好。

“我们努力地思考，是为了了解这个世界。”

世界虽然随机，我们能够了解。没有比量子更加不确定的了，但是因为人的观察，量子从迭加态变成唯一态了。世界也是如此，本来是不可了解的，但是因为我们努力地了解变得可了解了。

我们要了解自己才能了解世界。我们是通过我们观察世界的，我们只能观察我们能够观察到的世界。我们究竟能了解多少世界，不取决于世界，而取决于我们对我们了解多少，取决于我们对我们认知的尽头能了解多少。

我们可以了解世界，但是不能预测它。我们的观察影响着我们观察着的世界，而伴随着对世界的观察，我们同时在改变自己。任何的预测也在改变我们，所以我们无法预测我们自己的改变，也无法预测我们会怎样地改变世界。不要以为人类能通过某个积分或者递归的公式计算自己，因为人的天性就是摆脱一切其能意识到的公式的束缚。

大数据给我们一种强大的自信，认为我们终究可以预测大部分未来了，剩下不能预测的只是一小部分。这种自信固然是真实的，因为一切似乎就是这样发展的；这种自信更是幻觉，因为那不能被预测的一小部分可能才是关键的。人们每天的绝大多数行为是可以被预测的，早上起床、白天上班、晚上睡觉、周末休息。但是这些与其说是预测，不如说是人们坐在电影院里看电影，所谓的预测，只不过是把电影情节提前剧透给了人们。表面上，作为观众，人们无法影响电影的情节，只能按照预测发展下去，但是实际上，人们随时有是否继续看，或者换个电影看的选择。而人们会不会动用这个选择，是无法预测的。总之，所有的预测只不过是一种可能，而人们具备选择不同可能的能力。

只要有人，未来就是不可预测的。那落叶归尘的宿命，从来只是万千未来中的一种，如此而已！